高等院校应用技术型人才培养规划教材

通信网络优化

郭丽丽　主　编
叶剑锋　副主编

中国铁道出版社
CHINA RAILWAY PUBLISHING HOUSE

内 容 简 介

本书共分为6章，主要介绍了通信网络优化的基本概念、WCDMA网络的原理及关键技术、WCDMA测试方法与流程、WCDMA无线网络信令流程、WCDMA网络性能分析方法和LTE网络案例分析。从网络优化实践技能的角度，以大量实际工程案例说明了WCDMA网络和LTE网络中的覆盖问题、导频问题、切换问题和掉话问题等的优化方法。

本书适合作为高职高专通信技术、移动通信技术类专业的教材，也可作为相关工程技术人员的参考书。

图书在版编目（CIP）数据

通信网络优化/郭丽丽主编. —北京：中国铁道出版社，2018.8
高等院校应用技术型人才培养规划教材
ISBN 978-7-113-22610-7

Ⅰ.①通… Ⅱ.①郭… Ⅲ.①通信网-最佳化-高等学校-教材
Ⅳ.①TN915

中国版本图书馆CIP数据核字（2018）第183827号

书　　名：通信网络优化
作　　者：郭丽丽　主编

策　　划：王春霞　　　　读者热线：（010）63550836
责任编辑：王春霞　包　宁
封面设计：付　巍
封面制作：刘　颖
责任校对：张玉华
责任印制：郭向伟

出版发行：中国铁道出版社（100054，北京市西城区右安门西街8号）
网　　址：http://www.tdpress.com/51eds/
印　　刷：北京虎彩文化传播有限公司
版　　次：2018年8月第1版　2018年8月第1次印刷
开　　本：787 mm×1 092 mm　1/16　**印张：**10.5　**字数：**253千
书　　号：ISBN 978-7-113-22610-7
定　　价：32.00元

前 言

随着移动通信技术的发展，新业务陆续引入，用户数量增加，我国的通信业已形成了2G、3G、4G网络长期并存的局面。

相对于2G网络，3G/4G网络的魅力在于高速数据与多媒体业务，而视频电话、视频流、游戏等高速数据业务都需要一个良好的无线网络环境，无线网络性能的好坏将直接影响用户的体验及运营商的利益。因此，运营商要不断地对系统进行优化，以达到系统资源的最优配置，从而使无线移动通信网络在资源和性能最佳的状态下运行，只有这样才能在合理的成本范围内为客户提供最大程度的满意服务。无线网络优化，是取得成功的关键因素。

作为第三代移动通信技术的主流制式之一，WCDMA的网络应用广泛，本书选用WCDMA网络进行介绍。WCDMA网络优化涉及的知识非常广博，本书难以囊括网络优化涉及的所有方面，但尽可能全面地覆盖网络优化必备的基础知识，注重提升学生的实际网络优化技能。

LTE网络优化的重点是保证用户对覆盖、容量和质量的需求，同时为市场的发展提供有效的支撑。本书从WCDMA的基本原理入手，详细介绍WCDMA网络测试的方法与流程，并从实际工程案例的角度总结了WCDMA网络优化的各种问题的分析方法，最后介绍了LTE网络优化的典型案例。书中引用了大量的商用网络优化案例并进行讨论，以便理论联系实际，强化读者对于3G和4G网络优化问题的分析和解决能力。

全书共分6章。第1章介绍了移动通信网络发展和网络优化基础知识；第2章介绍了WCDMA网络的基本原理与关键技术；第3章详细介绍了WCDMA无线网络测试方法与流程；第4章介绍了WCDMA网络信令流程；第5章从WCDMA工程案例分析，详细介绍了覆盖问题、切换问题、导频污染问题、掉话问题等网络问题的分析方法，是本书的重点之一；第6章介绍了LTE网络以及典型LTE网络案例分析。

本书由深圳信息职业技术学院郭丽丽任主编，深圳信息职业技术学院叶剑锋任副主编。在本书编写过程中，博威通（厦门）科技有限公司的陈文雄和杭州华星创业通信技术股份有限公司的黄新华对本书编写提出了宝贵建议，同时还得到了深圳讯方技术股份有限公司林茂凯和周君茹的鼎力支持，在此表示深深的感谢。本书的素材来自大量的参考文献和应用经验，特此感谢。

由于编者水平有限，加之时间仓促，书中不妥之处在所难免，敬请读者批评指正。

编　者

2018年6月

CONTENTS

目 录

第1章

通信网络优化概述

1.1 移动通信网络发展

移动通信技术可以说从无线电通信发明之日就产生了。当时，谁也无法想象有一天每个人身上都有一部电话，被连接到整个世界。如今，人们可以通过手机进行通信，智能手机更如同一款随身携带的小型计算机，通过 4G 等移动通信网络实现无线网络接入后，可以方便地实现个人信息管理及查阅股票、新闻、天气、交通、商品信息、应用程序下载、音乐图片下载等。下面回顾一下移动通信网络技术的发展简史。

1.1.1 第一代移动通信

第一阶段从 20 世纪 20 年代至 40 年代初期，为早期发展阶段。

在此期间，首先在短波几个频段上开发出专用移动通信系统，其代表是美国底特律市警察使用的车载无线电系统。该系统工作频率为 2 MHz，到 20 世纪 40 年代提高到 30～40 MHz，可以认为这个阶段是现代移动通信的起步阶段，特点是专用系统开发，工作频率较低。

第二阶段从 20 世纪 40 年代中期至 60 年代初期。

在此期间，公用移动通信业务开始问世。1946 年，根据美国联邦通信委员会（FCC）的计划，贝尔系统在圣路易斯城建立了世界上第一个公用汽车电话网，称为“城市系统”。当时使用三个频道，间隔为 120 kHz，通信方式为单工，随后，联邦德国（1950 年）、法国（1956 年）、英国（1959 年）等国相继研制了公用移动电话系统。美国贝尔实验室完成了人工交换系统的接续问题。这一阶段的特点是从专用移动网向公用移动网过渡，接续方式为人工网，容量较小。

第三阶段从 20 世纪 60 年代中期至 70 年代初期。

在此期间，美国推出了改进型移动电话系统（IMTS），使用 150 MHz 和 450 MHz 频段，采用大区制、中小容量，实现了无线频道自动选择并能够自动接续到公用电话网。德国也推出了具有相同技术水准的 B 网。可以说，这一阶段是移动通信系统改进与完善的阶段，其特点是采用大区制、中小容量，使用 450 MHz 频段，实现了自动选频与自动接续。

第四阶段从 20 世纪 70 年代中期至 80 年代中期。这是移动通信蓬勃发展时期。

1978 年底，美国贝尔试验室研制成功先进的移动电话系统（AMPS），建成了蜂窝状移动通信网，大大提高了系统容量。该阶段称为 1G（第一代移动通信技术），主要采用的是模拟技术和频分多址（FDMA）技术，第一代移动电话如图 1.1 所示。Nordic 移动电话（NMT）就是这样一种标准，应用于 Nordic 国家、东欧以及俄罗斯。其他还包括美国的高级移动电话系统（AMPS），英国的总访问通信系统（TACS）以及日本的 JTAGS、联邦德国的 C-Netz、法国的 Radiocom 2000 和意大利的 RTMI。

图 1.1　第一代移动电话

这一阶段的特点是蜂窝状移动通信网成为实用系统，并在世界各地迅速发展。移动通信大发展的原因，除了用户要求迅猛增加这一主要推动力之外，还有几方面技术进展所提供的条件。首先，微电子技术在这一时期得到长足发展，这使得通信设备的小型化、微型化有了可能性，各种轻便电台被不断推出。其次，提出并形成了移动通信新体制。随着用户数量增加，大区制所能提供的容量很快饱和，这就必须探索新体制。第三方面进展是随着大规模集成电路的发展而出现的微处理器技术日趋成熟以及计算机技术的迅猛发展，从而为大型通信网的管理与控制提供了技术手段。以 AMPS 和 TACS 为代表的第一代移动通信模拟蜂窝网虽然取得了很大成功，但也暴露了一些问题，比如容量有限、制式太多、互不兼容、话音质量不高、不能提供数据业务、不能提供自动漫游、频谱利用率低、移动设备复杂、费用较贵以及通话易被窃听等，最主要的问题是其容量已不能满足日益增长的移动用户需求。

第五阶段从 20 世纪 80 年代中期开始至今。

这是数字移动通信系统发展和成熟时期，可以再分为 2G、2.5G、3G、4G、5G 等。

1.1.2　第二代移动通信

2G 是第二代手机通信技术规格的简称，一般定义为以数字语音传输技术为核心，无法直接传送如电子邮件、软件等信息；只具有通话和一些如时间日期等传送的手机通信技术规格。不过手机短信 SMS（Short Message Service）在 2G 的某些规格中能够被执行。主要采用的是数字的时分多址（TDMA）技术和码分多址（CDMA）技术，与之对应的是全球主要有 GSM 和 CDMA 两种体制。经典的 2G 手机如图 1.2 所示。

2.5G 是从 2G 迈向 3G 的衔接性技术，由于 3G 是个相当浩大的工程，所以 2.5G 手机牵扯的层面多且复杂，要从 2G 迈向 3G 不可能一下就衔接得上，因此出现了介于 2G 和 3G 之间的 2.5G。HSCSD、WAP、EDGE、蓝牙（Bluetooth）、EPOC 等技术都是 2.5G 技术。2.5G 功能通常与 GPRS 技术有关，GPRS 技术是在 GSM 基础上的一种过渡技术。GPRS 的推出标志着人们在 GSM 的发展史上迈出了意义最重大的一步，GPRS 在移动用户和数据网络之间提供一种连接，给移动用户提供高速无线 IP 和 X.25 分组数据接入服务。较 2G 服务，2.5G 无线技术可以提供更高的速率和更多的功能。传统的 2.5G 手机如图 1.3 所示。

图 1.2　经典的 2G 手机

图 1.3　传统的 2.5G 手机

1.1.3 第三代移动通信

3G 是英文 3rd Generation 的缩写，是指支持高速数据传输的第三代移动通信技术。与从前以模拟技术为代表的第一代和第二代移动通信技术相比，3G 具有更宽的带宽，其传输速度最低为 384 kbit/s，最高为 2 Mbit/s，带宽可达 5 MHz 以上。不仅能传输话音，还能传输数据，从而提供快捷、方便的无线应用，如无线接入 Internet。能够实现高速数据传输和宽带多媒体服务是第三代移动通信的另一个主要特点。3G 存在三种标准：CDMA 2000、WCDMA、TD-SCDMA。第三代移动通信网络能将高速移动接入和基于互联网协议的服务结合起来，提高无线频率利用效率。提供包括卫星在内的全球覆盖并实现有线和无线以及不同无线网络之间业务的无缝连接。满足多媒体业务的要求，从而为用户提供更经济、内容更丰富的无线通信服务。

相对第一代模拟制式手机（1G）和第二代 GSM、TDMA 等数字手机（2G），第三代手机是基于移动互联网技术的终端设备，3G 手机完全是通信业和计算机工业相融合的产物，和此前的手机相比差别很大，因此这类移动通信产品被称为“个人通信终端”。3G 智能手机如图 1.4 所示。

图 1.4　3G 智能手机

1.1.4 第四代移动通信

4G 是第四代移动通信及其技术的简称，是集 3G 与 WLAN 于一体并能够传输高质量视频图像以及图像传输质量与高清晰度电视不相上下的技术产品。4G 系统能以 100 Mbit/s 的速度下载，比拨号上网快 2000 倍，上传的速度也能达到 20 Mbit/s，并能够满足几乎所有用户对于无线服务的要求。使用 LTE 网络播放高清流媒体的效果如图 1.5 所示。

图 1.5　使用 LTE 网络播放高清流媒体效果

4G 移动通信对加速增长的无线连接的要求提供技术上的响应，对跨越公众的和专用的、室内和室外的多种无线系统和网络保证提供无缝的服务。移动通信将向资源化，高速化、宽带化、频段更高化方向发展，移动资料、移动 IP 将成为未来移动网的主流业务。

1.1.5 第五代移动通信

5G 是英文 fifth-Generation 的缩写，又称第五代移动通信技术。

2013 年 5 月 13 日，韩国三星电子有限公司宣布，已成功开发第 5 代移动通信技术（5G）的核心技术，预计于 2020 年开始推向商业化。2015 年 5 月 29 日，酷派首提 5G 新概念：终端基站化。2016 年 1 月 7 日，工信部召开“5G 技术研发试验”启动会。2017 年 2 月 9 日，国际通信标准组织 3GPP 宣布了“5G”的官方 Logo。2017 年 11 月 15 日，工信部发布《关于第五代移动通信系统使用 3 300～3 600 MHz 和 4 800～5 000 MHz 频段相关事宜的通知》，确定 5G 中频频谱。12 月 21 日，5G NR 首发版本正式冻结并发布。中国三大通信运营商于 2018 年迈出 5G 商用第一步，并力争在 2020 年实现 5G 的大规模商用。

诺基亚与加拿大运营商 Bell Canada 合作，完成加拿大首次 5G 网络技术的测试。测试中使用了 73 GHz 范围内频谱，数据传输速率为加拿大现有 4G 网络的 6 倍。鉴于两者的合作，外界分析加拿大很有可能在 5 年内启动 5G 网络的全面部署。

由于物联网尤其是互联网汽车等产业的快速发展，其对网络速度有着更高的要求，这无疑成为推动 5G 网络发展的重要因素。因此全球各地均在大力推进 5G 网络，以迎接下一波科技浪潮。不过，从目前情况来看 5G 网络离商用预计还需几年时间。

1.2 通信网络优化的内容

移动通信网络的维护与固定电话网络之间的维护差别是很大的。最大的区别是移动通信网的条件会不断发生变化，如周围环境、话务量分布等，另外移动网规划中有大量的小区设计参数，这在固定网中是没有的，这些小区设计参数大多数是可调整的，如接入电平门限、切换电平门限、相邻小区定义、频率配置等，它们会直接影响服务质量和用户的满意度，同时对网络指标也会产生很大影响。所以为了保证整个移动网的服务质量，就必须不停顿地观察和监测整个移动网，找出并排除故障，提高移动网络质量（如提高接通率、提高话音质量、降低掉话率等），这是网络优化的基本任务。

1.2.1 网络优化定义

移动通信网络优化是指对正式投入运行的网络进行数据采集、数据分析，找出影响网络运行质量的原因，并且通过对系统参数的调整和对系统设备配置的调整等技术手段，使网络达到最佳运行状态，使现有网络资源获得最佳效益，同时也对网络今后的维护及规划建设提出合理建议。

由于网络初期规划是基于简化模型和不尽正确充分的地貌数据来源，网络系统不能在安装开通时完全按照规划实施，不能充分发挥现有设备的利用率，系统控制无线链路工作的软件参数一般按默认值设置，不能真实地反映实际的网络运行环境，同时网络的扩容计划也是基于并不确定的用户分布及业务状态，话务量的实际分布与网络设备的配置不适应。因此网络优化的一个重要作用就是对下列各种网络资源进行重新调配，以达到合理利用资源的目的。

1. 频率资源

无线通信的频率资源是宝贵的，移动通信的频率资源尤其珍贵，频率资源包括可用的频段（目前包括 900 MHz/1 800 MHz/1 900 MHz，对运营商而言）、可用的方式（固定、跳频）、覆盖的区域、基站的频率覆盖方式、相邻小区的频率复用方式等。

2. 地域资源

移动通信网要完成网络覆盖，即使是经济不发达地区，有时也要有相应的投入，因此覆盖的地域非常重要，合理的分布站址无疑能够以较小投资取得更好的覆盖效果，这在目前GSM网络进入少建设、多优化的阶段显得尤为重要，对当前不合理站址的搬迁能够在不增加基站数量的情况下改善网络覆盖和质量。

3. **业务资源**

移动通信网是随业务的发展而设立的，只有满足不断变化的业务需求，才能充分利用好网络资源，网络中的移动业务在不同的区域分布不均匀，需求也不一样。网络的设置要充分吸收各种业务量，尤其是对于新增业务如短信息、信息广播、数据业务等都需要合理安排。

4. **经济资源**

移动通信网络发展的一个特点就是需要大量的资金投入，而经济发展的不同地区，对通信的要求也有所差异，网络优化不可能在各个地区均衡发展，而是考虑一个侧重和先后问题。资金的优化使用，就是要根据移动通信网的发展特点，把资金用在关键的地方。对于网络发展而言，扩大每个基站的覆盖区域是很重要的，可以拿出一部分资金引入直放站来延伸覆盖，发现有容量不够的区域，可以引入微蜂窝基站进行补充，优先发展业务量大的区域，可以尽早收回投资，再应用到其他区域。因此网络优化的工作就是要利用有限的经济资源，加强经济发达地区的网络优化，提高网络质量，充分吸收话务量，使网络创造最大效益。

1.2.2 网络优化目标与分类

网络优化工作就是通过对设备、参数的调整等手段对已有网络进行优化工作，尽可能利用系统资源，使系统性能达到最佳。优化过程的结果是寻找一系列系统变量的最佳值，优化有关性能指标参数，最大限度地发挥网络的能力，提高网络的平均服务质量。

网络优化的基本目标是提高或保持网络质量，而网络质量是各种因素相互作用的结果，随着优化工作的深入开展和优化技术的提高，优化的范围也在不断扩大。事实上优化的对象已不仅仅是当前的网络，它已经渗透到包括市场预测、网络规划、工程实施直至投入运营的整个循环过程的每个环节。从不同的角度来看，网络优化的目的各有所不同。

1. **网络优化目标**

1）网络角度

从网络的角度来看，网络优化的主要目的是：

（1）提高网络的服务质量

主要包括高质量的语音和其他业务服务，足够的覆盖和接通率等。

（2）尽可能地减少运营成本

主要包括提高设备的利用率、增加网络容量、减少设备和线路的投资等。

2）企业角度

虽然提高接通率、减少掉话、避免信道拥塞、提高切换成功率、改善通信服务质量是网络优化的任务所在，但提高用户满意度和忠诚度，使企业效益最大化才是网络优化的最终目的。因为网络优化工作必须紧紧围绕企业运营的最终目标——“实现企业利益最大化并保持企业的可持续发展”，所以，从企业的角度来看，网络优化工作的主要目的定位于：

（1）创造竞争优势

全方位确保网络的高质量运行，为保持原有市场份额和发展新的市场份额创造竞争优势。

（2）降低成本

采用科学方法和先进的支撑手段，降低运营成本，提高企业的综合竞争力。

虽然观看的角度不同，网络优化的目的不尽相同，归根结底，网络维护和优化是为市场服务的，而市场是为用户服务的，因此网络优化的最终目的是提高用户满意度，从而使企业效应最大化。

对网络不断进行优化的结果，从用户角度将会看到：

——随时随地都可方便地进行移动通信；

——掉话次数减少；

——呼叫建立失败次数减少；

——通话时话音质量不断改善；

——网络有较高可用性和可靠性。

从运营者角度将会看到：

——掉话率下降；

——切换成功率提高；

——小区覆盖率提高；

——拥塞率下降；

——接通率提高；

——用户投诉减少。

优化过程是多次反复调整的过程，直至网络调整到最佳运行状态。

2. **网络优化分类**

根据优化工作的针对性和时间的持续性,可将优化主要分为阶段性优化和日常优化两类。根据优化的数据的不同，可将优化分为基础测量数据的优化和基于统计数据的优化两类。

阶段性优化又称专题优化，主要是围绕某些网络指标而开展的有针对性的优化工作，或是在明确的一个时间范围内提升网络基础指标的优化活动。

阶段性优化具有很强的针对性和时效性，比如提升网络接通率的专题优化，提升切换成功率的专题优化等。同时，当网络扩容，或是网络指标突然恶化，需进行针对性的专题优化，目的较明确。

日常优化是在平常的每一天中进行的优化工作，它的目的就是保持和不断提升网络整体质量目标，它没有一个短期的针对性的目标。日常优化是优化工作的基础，是网络质量实现稳定并螺旋上升的基础。它的特点是日常需要大量进行优化工作，但工作效果并不明显。

基于测量数据的优化是基于 CQT、DT 等路测手段而收集的测试数据，进行分析处理，并通过信令分析仪进行数据分析，得出优化方案，从而提升测试区域的整体网络质量。

基于统计数据的优化是基于移动交换中心所收集的指标进行分析，从而提升网络质量。如话务分析、阻塞分析、切换分析、接通率分析、掉话率分析等。

1.2.3 网络优化方法与工具

1. **网络优化方法**

网络优化基本方法，即“测试→分析→调整优化→再测试→再分析→再调整优化”的反复循环过程，并制定“日通报、周统计、月测试”的网络优化工作制度。

网络优化工作对象已经不是简单的面对通信设备，也不是简单的面对客户，而是面对整个市场、面对全公司、面对企业未来的可持续发展。

网络故障原因一般包括硬件故障和软件故障。硬件故障：坏板或局部设备中断服务。一般会有告警信息，维护人员查明故障位置、类型并及时解决。软件故障：系统仍然运行，但局部不稳定状态或处于非最佳状态，如干扰、邻小区定义不完整、掉话率上升、接通率下降等。

通过网络性能监测、分析采取优化措施。主要的网络分析和优化途径包括：干扰分析（掉话率/投诉/路测）、覆盖分析（基站天线）、无线接通率分析、掉话分析（CQT）、切换分析（切换位置更新/频度）、通话流程分析（信令）、话务量分析（资源/需求均衡）、设备分析。

网络优化的主要方法包括以下五种：

（1）CQT（Call Quality Test）拨打测试

在城市中选择多个测试点，每点进行一定数量的呼叫，通过呼叫接通情况及测试者对通话质量的评估，分析网络运行质量和存在的问题。

（2）DT（Drive Test）路测（驱车路测）

借助测试软件、测试手机、电子地图、GPS及测试车辆等工具；沿特定路线进行无线网络参数和话音质量测定的测试，利用分析处理软件对数据分析统计，评估查找网络问题。

（3）信令跟踪法

对网络各个接口的信令跟踪收集，了解整个通信流程，发现其中存在的问题，有针对性地进行分析和解决。

（4）TOP10分析法

在日常优化工作中，每阶段对10个最差小区进行优化处理可有效地提高整体网络性能指标。

（5）网络模拟法

根据小区参数，构造对应虚拟网络，模拟手机在网络中行走（即路测），考察切换/重选等情况，得出分析报告，据此工程师给出参数调整的建议。

2. 网络优化工具

针对不同网络故障问题，采用合适的网络优化工具，对网络优化工作可以起到事半功倍的作用。

网络优化工具包括硬件系统和软件系统。

硬件系统主要有路测系统、信令协议分析系统、基站测试仪、频谱分析仪、模拟发信机。

软件系统主要有频率规划与优化软件、话单分析、话务统计数据处理软件、信令分析软件、地理信息系统、网络优化工作平台、OSS系统。

1.3 通信网络优化的步骤

1.3.1 网络优化准备阶段

网络优化要贯穿整个网络发展的全过程，因此网络优化是一项长期的、循序渐进和复杂的系统工程。在工作中尤其要注意工作步骤和工作流程，良好的工作流程和步骤对网络优化工作的结果有着重大的意义。

网络优化流程主要包括下面几个步骤：网络规划、网络普查准备阶段、频谱扫描（可选）、校准测试（可选）、网络数据采集、数据分析、参数核查（可选）、问题定位、优化方案制定、优化方案实施、优化验证、优化项目验收、资料归档。网络建议和优化流程如图 1.6 所示。

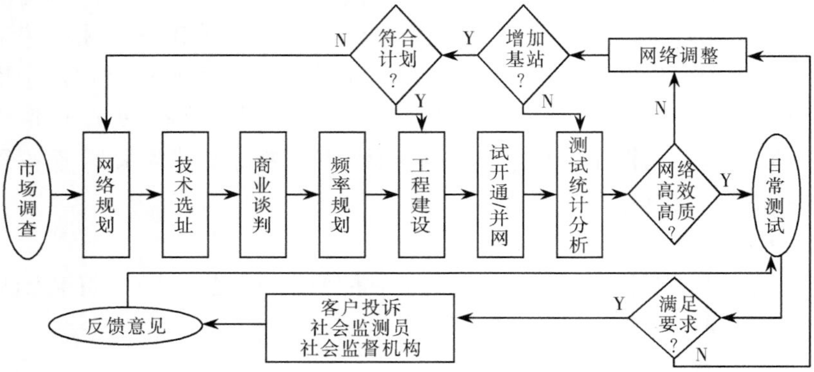

图 1.6　网络建设和优化流程

1. **网络规划**

网络规划是网络优化的首要步骤；好的网络规划使网络优化轻松，节省人力、物力、财力，例如，站址选择不好导致日后的搬迁基站等问题。

2. **网络普查准备阶段**

① 网络调查是网络管理和网络优化的基础工作，也是进行网络优化的准备阶段。主要包括：

- 资料调查：优化前技术文件，全网各部件容量及位置，网络结构与信令，本地漫游用户数，用户投诉的地区等；
- 系统检查：核查小区中基站频率配置是否符合频率配置规划，检查基站设备、交换机数据库与网络参数。

② 需求分析：

- 了解覆盖和容量的需求信息；
- 确认优化测试参数设置；
- 确认与客户的分工界面；
- 确认各项目验收标准。

③ 制订工作计划。

④ 资料调查和收集：

- 收集网络规划阶段的所有报告；
- 获取现有网络站点信息、天馈信息、系统参数设置等；
- 了解现有网络中存在的问题。

⑤ 网优工具准备。每套路测设备应包括：

- 高性能计算机（内存 2 GB 以上，双核 CPU）；
- 路测测试软件（珠海鼎利路测软件）；

- WCDMA 扫频设备；
- 专业测试手机（含 USIM 卡）；
- GPS；
- 辅助设备（USB Hub、电源逆变器等）。

分析工具：

- 高性能计算机（内存 2 GB 以上，双核 CPU）；
- 路测分析软件（珠海鼎利路测软件）。

在分簇优化中使用的车辆建议使用 5 座乘用车，如果有条件可考虑使用 7 座乘用车或专用测试车。

由于在无线网络优化过程中需要进行大量的测试工作，使用多部笔记本式计算机、测试手机和扫频仪器等测试设备，因此车辆要提供充足稳定的电源，在条件具备的前提下，最好对车辆供电系统进行改装，从电瓶直接取电或者安装额外 UPS（不间断电源）。

⑥ 网优人员准备。优化项目组织结构如图 1.7 所示。

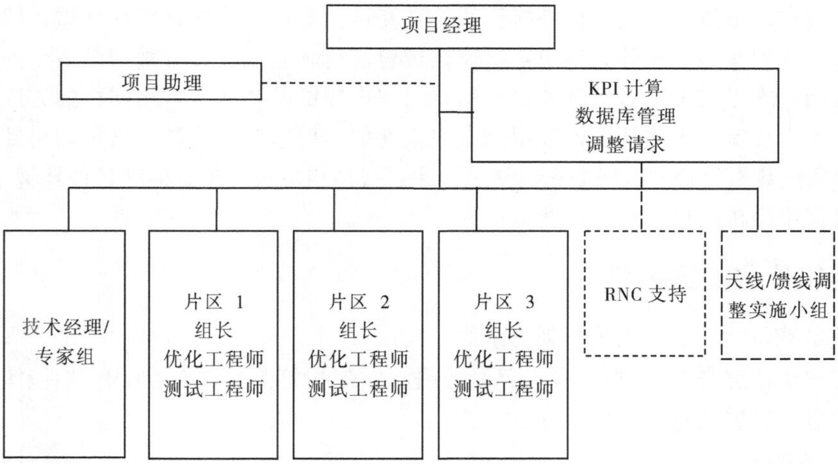

图 1.7　优化项目组织结构

- 项目经理：负责整个无线网络优化项目的总体协调，主要包括项目进度的总体把握，工作任务的合理分配，人员、资源的有效调度，确保无线网络优化工作在保证质量的前提下按时完成。
- 项目助理：负责无线网络优化项目中各项工作的细节安排，协助项目经理进行项目的管理工作。
- 片区优化小组：分簇优化小组负责对指定的分簇进行测试（DT 和 CQT），指标计算、问题分析、找出解决方案、提出调整请求（Change Request），分簇优化小组由 1 名组长，以及无线网络优化工程师、测试工程师组成。
- RNC 支持：RNC 支持小组负责网络性能数据的采集、分析和处理，信令跟踪、网络问题的分析及方案解决。同时负责网络参数的调整。通常也属于其他网络维护支持项目，所以此处为虚框。

- 实施小组：实施小组负责对分簇优化小组提出的调整建议进行及时实施。由运营商或厂家负责实施，具体项目执行中的责任分工取决于合同中的项目责任分工的约定。
- 后台技术支持人员（KPI 分析、数据库支持等）：后台技术支持组负责针对特定项目进行工具的开发，制定标准的 KPI 处理流程及工具、数据库管理流程及工具、调整请求生产工具，降低分簇优化小组的工作强度，提高工作效率。由于编程及工具开发小组的工作可应用到许多类似的项目，因此可作为后台支持。
- 技术经理/专家组（后台支持人员）：专家组由资深的无线网络优化工程师组成，对所有的 WCDMA 无线网络优化项目进行后台支持，主要负责特殊问题的深入分析和研究。

网络优化流程中的频谱扫描和校准测试是两项可选项目。

3. **频谱扫描**

在客户授权许可的情况下对优化区域进行当前网络使用频率的扫描确认，确保频率干净可用。

4. **校准测试**

车载天线校准测试，测试手机外接天线校准测试，车体平均穿透损耗测试，建筑物损耗测试。外接天线到车顶、车外人行道正常通话位置进行呼叫测试，分别记录多个手机的接收功率一段时间，求平均值后，得到各种环境相对车内测试的损耗；可用同样的方法进行室内损耗测试，室内和室外接收功率比较得到室内损耗值。要求多个测试点求平均得到相应的损耗值。实际测试数据处理时，根据车内测试结果，减掉相应损耗值，得到各种环境下的信号，要求实测过程中手机的位置和校准测试一致。

1.3.2 网络优化数据采集

做好充足准备之后，进入数据采集阶段。

网络优化的数据来源主要有：DT 路测数据、CQT 拨打测试数据、OMC 性能统计数据、用户申诉信息、告警信息、其他数据。

1. **DT 路测数据**

DT 路测是指通过在覆盖区域内选定路径上移动，利用路测设备记录各种测试数据和位置信息的过程。

路测收集的主要信息包括：Ec/Io、Pilot Power、UE TX Power、Neighbours、Call Success/Drops and Handover statistics、FER/BLER、Delay。

路测范围主要包括：

- 重要酒店（星级）；
- 餐饮、娱乐场所、大型商场；
- 重要居民小区、办公区；
- 其他重点关注的区域。

路测设备包括：Scanner、测试手机、路测软件、GPS 等。现场测试软件可以采用 WCDMA 无线网络优化的专业测试软件。

2. **CQT 拨打测试数据**

拨打测试（CQT）是指在覆盖区域的重点位置进行的定点测试。主要集中在以下区域进行 CQT 测试：

- 景点、机场、火车站、汽车站、码头；
- 重要酒店（星级）；
- 餐饮、娱乐场所、大型商场；
- 重要居民小区、办公区；
- 其他重点关注的区域。

CQT 测试数据的指标主要包括：呼叫成功率、掉话率、呼叫时延、通话质量、数据业务平均速率等。

CQT 数据的特点：

- 包含地理位置信息；
- 受所选测试点的限制；
- 采集的信息包括呼叫成功率、掉话率、呼叫时延、通话质量、呼叫保持时间等；
- 对于新建的 WCDMA 网络，放号前网络优化中拨打测试除了在空载条件下进行，还要在加载条件下进行。

3. OMC 性能统计数据

OMC 性能统计数据从统计的观点反映了整个网络的运行质量状况。一般将它作为评估网络性能的最主要依据。

网络关键指标主要有：

- 接入成功率；
- 接通率；
- 掉话率；
- 软切换成功率；
- 硬切换成功率。

后台网管从大量采样数据统计的角度反映其所辖网络的运行质量；统计的范围不一样，有的以 RNC 为单位统计，有的以逻辑意义上的 Cell 统计，灵活多变；提供计算关键性能指标的 Counters、数据业务平均速率等。

4. 用户申诉数据

普通用户作为网络服务的最终使用者，对于网络性能的感受是最直接的。

- 最直接反映网络不足；
- 用户最为关心的，也是必须尽快解决的；
- 包含有地理位置信息；
- 一般表现为信号覆盖质量差、呼通困难以及掉话频繁等。

5. 告警信息

告警信息主要是指 RNC、NodeB 以及 CN 后台网管本身的告警信息。告警信息是对设备使用或网络运行中异常或接近异常状况的集中体现。在网络优化期间应该保持关注并查看告警信息，以便及时发现预警信息或已经发生的问题，避免发生事故。

6. 其他数据

除了前面列出的数据以外，一般还有利用信令分析系统、网络流量测试系统、语音质量评估系统等得到的数据。

1.3.3 网络优化数据分析

数据分析指通过分析路测数据、拨打测试数据、OMC性能统计数据、用户申诉信息、告警信息等，了解网络运行质量，对网络的性能进行评估，发现和定位网络中可能存在的问题，给出网络优化的建议。主要包括：路测数据分析、拨打测试数据分析、OMC性能统计数据分析、用户申诉分析、告警信息分析、其他数据分析。

1. **路测数据分析**

从Scanner或测试手机采集的路测数据，可以采用专业的网络优化分析软件进行分析。鼎利路测分析软件是WCDMA无线网络优化的专业分析软件，它基于路测数据和其他辅助数据，能对无线网络进行多种智能化分析，从而快速准确地定位网络问题，进行网络优化。

2. **拨打测试数据分析**

通过对拨打测试数据的分析，主要得到以下指标：

- 呼叫成功率；
- 掉话率；
- 呼叫时延；
- 通话质量；
- 数据业务平均速率等。

3. **OMC性能统计数据分析**

OMC性能统计数据分析可得到无线网络一般性能指标GPI和关键性能指标KPI，这些指标都是评估网络性能的重要参考。对OMC性能统计数据进行分析，可以在后台直接定位问题发生的区域范围，有助于问题的精确定位。

体现资源利用情况的指标包括：最坏小区比例、超忙小区比例、超闲小区比例、小区码资源可用率。从OMC后台提取的指标还包括其他反映网络运行质量的指标：接入成功率、接通率、掉话率、呼叫时延。体现系统切换性能的指标（切换成功率）具体包括：更软切换成功率、软切换成功率、跨Iur口软切换成功率、硬切换成功率、系统间切换成功率。

4. **用户申诉信息分析**

用户申诉可以直接反映问题表现和地理信息，可以整理出以下信息：

- 信号覆盖差的地方；
- 呼叫成功率低的地方；
- 掉话率高的地方；
- 通话质量不好的地方等。

对于用户投诉数据，由于用户描述问题的多样性和个体性，不仅仅涉及基站侧，往往还涉及营账系统、传输系统等，因此需要详细加以辨别，找出能够真正反映网络情况的数据。

5. **告警信息分析**

告警信息包含了大量的网络运行中的异常预警信息，可帮助优化工程师迅速定位问题，找到解决问题的方向和方法。同时，OMC性能统计指标也会出现异常，找到OMC性能统计指标和相关告警信息之间的关联性，会对定位网络故障和解决问题带来很大的帮助。

6. **其他数据分析**

其他数据包括：利用信令分析系统、网络流量测试系统、语音质量评估系统等得到的数据。通过对网络 Uu、Iub、Iur 等各个接口的信令进行跟踪，统计各接口的信令流量和消息，找出非正常的信令流程；结合其他统计数据，可以对故障进行更精确的定位，同时可以发现平常很难发现的各种非正常现象，消除故障隐患。

1.3.4 网络优化方案制订与实施

经过网络优化的准备、采集数据，并对数据进行分析，最终是为了解决故障问题，并制订优化方案并实施。

1. **优化方案制订**

无线网络问题主要集中在以下几个方面：设备软、硬件问题，工程参数问题，无线参数问题，网络容量。

网络优化调整策略主要包括：

- 设备软、硬件。若是参数核查发现软件有问题，要及时进行软件版本的确认和更新。设备硬件问题通常是单板故障，应更换好的单板。
- 调整网络工程参数。包括调整天线方向角、下倾角、挂高和位置等。在网络建设完毕后，放号前的网络优化工作中覆盖、干扰等方面的问题主要从网络的工程参数方面进行调整。
- 调整网络无线参数。包括调整接入参数、寻呼参数、功控参数、切换参数、搜索参数等。
- 调整系统邻区列表。通过对路测数据的分析优化网络的邻区列表。
- 容量分析或疏忙分析。可能采取的措施包括：小区分裂；增加基站、微蜂窝、射频拉远等；使用多载频。

制订优化方案是对网络运行现状进行综合分析的过程，制订的优化方案最好采用试点的形式，以点带面推开。主要包括频率规划调整、邻小区关系调整、小区覆盖范围调整、话务调整以及交换数据调整。

2. **优化方案实施**

按照优化方案实施，实施后对网络质量考核。需要针对性优化的情况，有以下几方面：

- 网络正式投入运行或网络扩容；
- 话务统计指标达不到要求、网络质量明显下降或用户投诉增多；
- 突发事件对网络质量影响大时；
- 用户群改变对网络质量影响大。

如果网络规模比较大，需要对网络划分基站簇，分区域定位和解决网络中存在的问题。在所有基站簇优化完成后可进行全网优化，以解决全网和跨簇的问题。然后，再对优化后的全网性能进行评估，验证网络性能指标是否达到验收标准和优化目标。

分簇原则根据实际情况调整，一般根据地形地貌确定，对数据或话音业务有特别需求的成片区域最好划分到同一个簇，以方便优化调试，也可以根据优化前网络评估发现的问题进行分簇。相邻簇之间需要有重叠。不同簇的优化根据资源情况和时间要求可以并行或串行执行。

3. 优化项目验证

在网络优化方案实施完成后，需要验证网络问题是否解决，或者网络性能是否有改善。

优化验证的过程也是首先采集网络运行数据，然后对采集的数据进行分析。在实施优化方案后，通过分析路测数据、拨打测试数据、OMC性能统计数据、用户申诉、告警信息等，再次对网络的性能进行评估。比较优化前后网络性能指标，验证优化后的网络问题是否解决，或者网络性能指标是否达到要求。

按照合同要求，对要求的网络性能指标进行验收测试，验收测试的测试路线和测试点、呼叫方式等内容根据合同或需求分析阶段确定的原则设置，原则上要求验收测试必须有客户参加。优化验证和项目验收后，需要提交网络优化报告，并且将相关资料归档。网络优化报告包括对问题的分析、定位过程，采取的优化措施，优化前后的指标对比，网络遗留问题或后续建设的建议等。

习　　题

一、填空题

1. 移动通信网络优化是指对正式投入运行的网络进行________、________，找出影响网络运行质量的原因，并且通过对________的调整和对系统设备配置的调整等技术手段，使网络达到最佳运行状态，使现有网络资源获得最佳效益，同时对网络今后的维护及规划建设提出合理意见。

2. 网络优化的一个重要作用就是对________、________、________、________等各种网络资源进行重新调配，以达到合理利用资源的目的。

3. 网络优化的基本目标是________。

4. 网络优化流程主要包括________、网络普查准备阶段、________、________、________、方案实施和检验。

5. ________是指通过在覆盖区域内选定路径上移动，利用路测设备记录各种测试数据和位置信息的过程。

6. 制定的优化方案最好采用________的形式，以点带面推开。

二、选择题

1. 第三代移动通信在步行速度（3 km/h）的信息传输速率为（　　）bit/s。

A. 144 k　　B. 384 k　　C. 2 M　　D. 1 M

2. 第三代移动通信的三个制式是（　　）。

A. WCDMA　　B. CDMA2000

C. GPRS　　D. TD-SCDMA

3. （　　）是了解网络性能指标的一个重要途径，它反映了无线网络的实际运行状态。

A. OMC话务统计数据　　B. 用户投诉数据

C. 路测数据　　D. 天馈线数据

4. 从网络的角度，网络优化的主要目的有（　　）。

A. 提高网络的服务质量　　B. 尽可能地减少运营成本

C. 创造竞争优势　　D. 降低成本

5. 从企业的角度，网络优化的主要目的有（　　）。

A. 尽可能减少运营成本　　B. 创造竞争优势

C. 降低成本　　D. 提高网络服务质量

6. 路测工具是网络优化测试的基本工具，主要有（　　）。

A. 路测软件　　B. 测试手机　　C. 接收机　　D. GPS

7. 通过对拨打测试数据的分析，主要得到的指标是（　　）。

A. 呼叫成功率　　B. 掉话率　　C. 呼叫时延　　D. 通话质量

三、判断题

1. 在网络优化中，真实的话务负荷和根据规划中所采用的统计值预测的话务负荷是相同的。（　　）

2. 无线网络优化是优化完成后，无须再优化，是一成不变的。（　　）

3. 网络优化基本方法，即“测试→分析→调整优化→再测试→再分析→再调整优化”的反复循环过程，并制定“日通报、周统计、月测试”的网络优化工作制度。（　　）

4. 制订优化方案是对网络运行现状进行综合分析的过程。（　　）

四、简答题

1. 移动通信发展经历哪些阶段？

2. 简述网络优化的定义。

3. 简述网络优化的目标与分类。

4. 简述网络优化的方法和工具。

5. 简述网络优化的步骤。

第2章 WCDMA网络的基本原理

2.1 WCDMA网络简介

2.1.1 WCDMA特性

WCDMA是一种由3GPP具体制定的，基于GSM MAP核心网，UTRAN（UMTS陆地无线接入网）为无线接口的第三代移动通信系统。目前WCDMA有Release99、Release4、Release5、Release6等版本。WCDMA（宽带码分多址）是一个ITU（国际电信联盟）标准，它是从码分多址（CDMA）演变来的，官方认为是IMT-2000的直接扩展，与现在市场上通常提供的技术相比，它能够为移动和手提无线设备提供更高的数据速率。

WCDMA采用直接序列扩频码分多址（DS-CDMA）、频分双工（FDD）方式，码片速率为3.84 Mcps，载波带宽为5MHz，基于Release99/Release4版本，可在5 MHz的带宽内，提供最高384 kbit/s的用户数据传输速率。WCDMA能够支持移动/手提设备之间的语音、图像、数据以及视频通信，速率可达2 Mbit/s（对于局域网而言）或者384 kbit/s（对于宽带网而言）。输入信号先被数字化，然后在一个较宽的频谱范围内以编码的扩频模式进行传输。窄带CDMA使用的是200 kHz宽度的载频，而WCDMA使用的则是一个5 MHz宽度的载频。

WCDMA（Wideband Code Division Multiple Access）源于欧洲和日本几种技术的融合。WCDMA采用直扩（MC）模式，载波带宽为5 MHz，数据传送可达到2 Mbit/s（室内）及384 kbit/s（移动空间）。它采用MC FDD双工模式，与GSM网络有良好的兼容性和互操作性。作为一项新技术，它在技术成熟性方面不及CDMA2000，但其优势在于GSM的广泛采用能为其升级带来方便。因此倍受各大厂商的青睐。

WCDMA采用最新的异步传输模式（ATM）微信元传输协议，能够允许在一条线路上传送更多的语音呼叫，呼叫数由现在的30个提高到300个，在人口密集的地区线路将不在堵塞。另外，WCDMA还采用了自适应天线和微小区技术，大幅度提高了系统的容量。

此外，在同一些传输通道中，它还可以提供电路交换和分包交换服务，因此，消费者可以同时利用交换方式接听电话，然后以分包交换方式访问因特网，这样的技术可以提高移动电话的使用效率，使得人们可以超越在同一时间只能做语音或数据传输的服务的限制。在费用方面，因为WCDMA借助分包交换技术，所以网络使用费用不是以接入的时间计算，而是以消费者的数据传输量计算。

WCDMA的核心网络基于GSM/GPRS网络的演进，并保持与GSM/GPRS网络的兼容性；核心网络可基于TDM、ATM和IP技术，并向全IP的网络结构演进；核心网络逻辑上分为电路域和分组域两部分，分别完成电路型业务和分组型业务。UTRAN基于ATM技术，统一处理语言和分组业务，并向 IP 方向发展。MAP 技术和 GPRS 隧道技术是 WCDMA 体制的移动性管理机制的核心。WCDMA 基站同步方式支持异步和同步的基站运行；信号带宽 5MHz，码片速率 3.84 Mcps，发射分集方式为 TSTD、STTD、FBTD；信道编码为卷积码和 Turbo 码；调制方式为上行 BPSK，下行 QPSK；功率控制为上下行闭环功率控制和外环功率控制；解调方式为导频辅助的相干解调；语音编码为 AMR。

WCDMA 是一个自干扰系统，其容量受制于干扰电平的大小，干扰控制在 WCDMA 网络中显得尤为重要。采用合理的功率控制方法来降低干扰是 WCDMA 无线网络规划的关键，链路性能和系统容量都取决于干扰功率的控制结果。简要地讲：在 WCDMA 系统中，既要保证一定的通话效果和服务质量，又要把干扰降低到最小。

2.1.2 扩频通信技术

移动网络中的收发信机数据处理过程如图 2.1 所示。

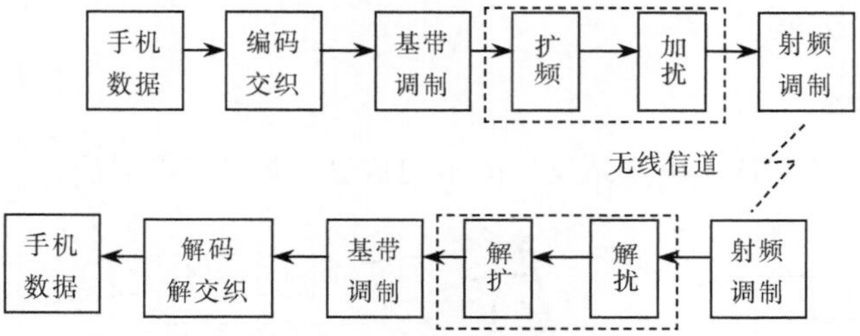

图 2.1　收发信机数据处理过程

扩频通信就是将信号的频谱展宽后进行传输的技术。其理论基础为 Shannon 定理：

$$C=B\log_2(1+S/N)$$

式中：C——信道容量，单位 bit/s；

B——信号频带宽度，单位 Hz；

S——信号平均功率，单位 W；

N——噪声平均功率，单位 W。

结论：在信道容量 C 不变的情况下，信号频带宽度 B 与信噪比 S/N 完全可以互相交换，即可以通过增大传输系统的带宽以在较低信噪比的条件下获得比较满意的传输质量。

扩频通信的特点有抗干扰能力强、保密性高、低发射功率、易于实现大容量多址通信、占用频带宽。WCDMA 的扩频过程如图 2.2 所示。

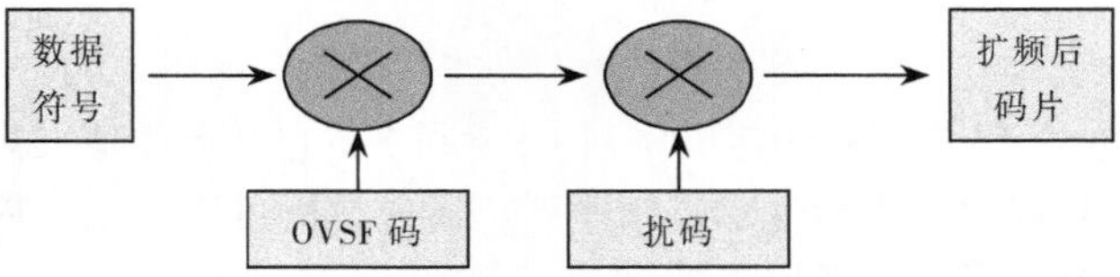

图 2.2　WCDMA 的扩频示意图

符号速率 × 扩频因子＝码片速率

上行信道码的 SF 为 4～256；下行信道码的 SF 为 4～512。

如 WCDMA，码片速率＝3.84 Mcps，扩频因子＝4，则符号速率＝960 波特/s；符号速率

=（业务速率+校验码）×信道编码×重复或打孔率×调制效率，如 WCDMA，业务速率=384 kbit/s，信道编码=1/3Turbo 编码，符号速率=960 波特/s。图 2.3 所示为扩频解扩过程举例。

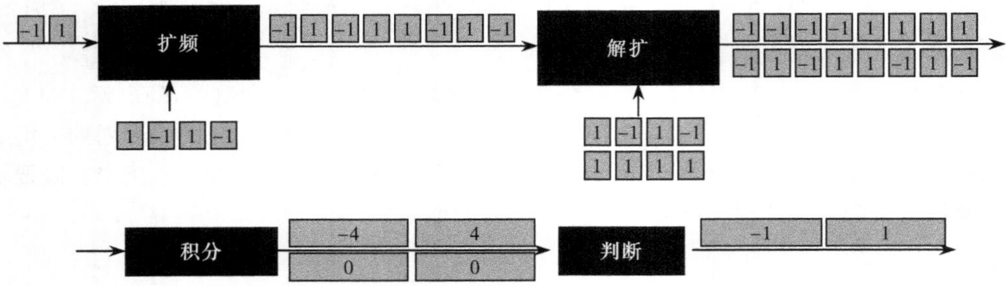

图 2.3　扩频解扩过程举例

2.1.3　正交码与扰码

1. 正交码的作用

下行正交码用于区分从一个基站发出的不同信道，如图 2.4 所示。

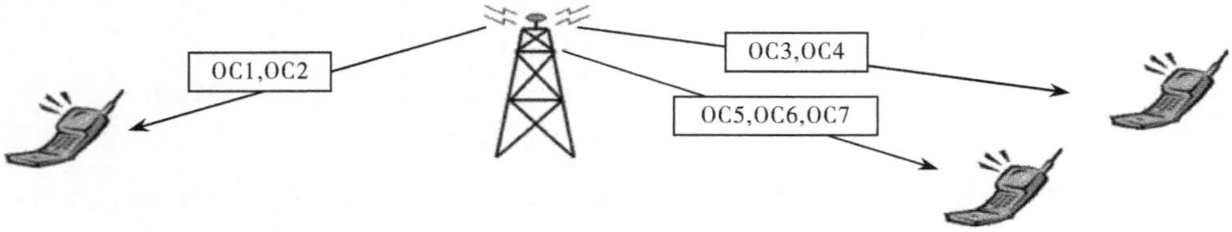

图 2.4　下行正交码

上行正交码用于区分从一个用户终端发出的不同信道，如图 2.5 所示。

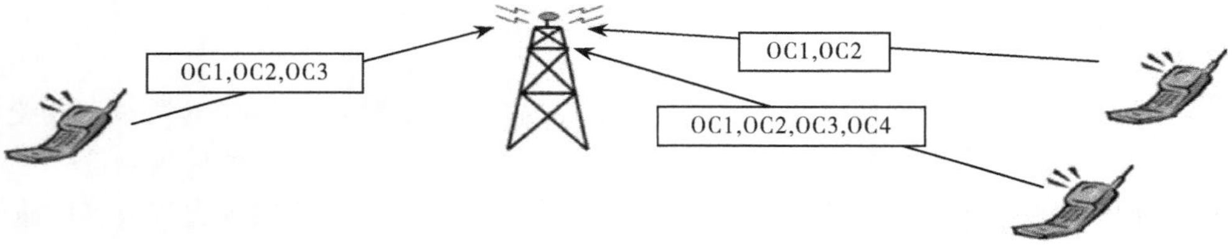

图 2.5　上行正交码

2. 扰码的介绍

WCDMA 系统中的扰码是一种伪随机序列（PN 码），它具有类似噪声序列的性质，是一种貌似随机但实际上有规律的周期性二进制序列。通过扰码可以使用户数据进一步随机化，增强了保密性能，同时便于进行多址通信。

扰码使用户信息伪随机化，加强保密性。WCDMA 扰码是两个 *m* 序列（最大长度线性移位寄存器序列）的叠加，称为 Gold 码序列。扰码分为上行扰码和下行扰码，作用不一样。WCDMA 的扰码是由 Gold 码序列生成的，Gold 码序列具有良好的自相关性质，其分段码序列之间互相关很小，用于码分多址中区分小区和用户，进行多址。

上行扰码共 2^{24} 个，用于区分同一小区的不同用户，上行扰码分为长扰码和短扰码，其中短扰码用于多用户检测。下行扰码共 $2^{18}-1$ 个，用于区分不同的小区。常用扰码是 0，1，…，8191，分为 512 个集合，每个集合包括一个主扰码和 15 个次级扰码。512 个主扰码又可以分为 64 个扰码组，每组由 8 个主扰码组成。

2.2 WCDMA 网络结构

2.2.1 WCDMA 系统结构

UMTS（Universal Mobile Telecommunications System，通用移动通信系统）是采用 WCDMA 空中接口技术的第三代移动通信系统，通常也把 UMTS 系统称为 WCDMA 通信系统。UMTS 系统采用了与第二代移动通信系统类似的结构，包括无线接入网络（Radio Access Network，RAN）和核心网络（Core Network，CN）。其中无线接入网络用于处理所有与无线有关的功能，而 CN 处理 UMTS 系统内所有的话音呼叫和数据连接，并实现与外部网络的交换和路由功能。CN 从逻辑上分为电路交换域（Circuit Switched Domain，CS）和分组交换域（Packet Switched Domain，PS）。UTRAN、CN 与用户设备（User Equipment，UE）一起构成了整个 UMTS 系统。UMTS 系统结构如图 2.6 所示。

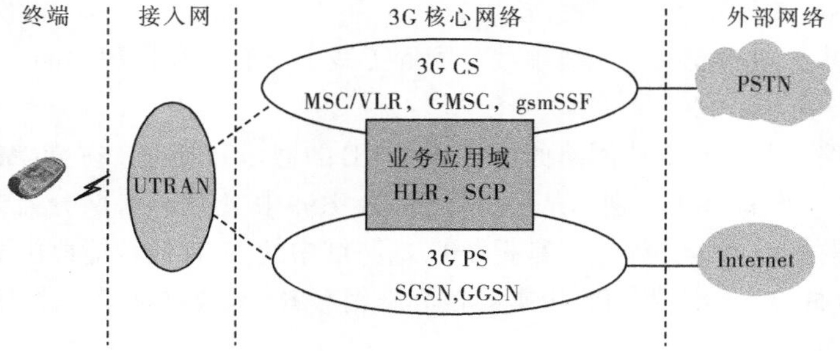

图 2.6 UMTS 的系统结构

从 3GPP R99 标准的角度来看，UE 和 UTRAN（UMTS 的陆地无线接入网络）由全新的协议构成，其设计基于 WCDMA 无线技术。而 CN 则采用了 GSM/GPRS 的定义，这样可以实现网络的平滑过渡，此外在第三代网络建设的初期可以实现全球漫游。

1. UMTS 系统网络构成

UMTS 系统网络构成示意图如图 2.7 所示。

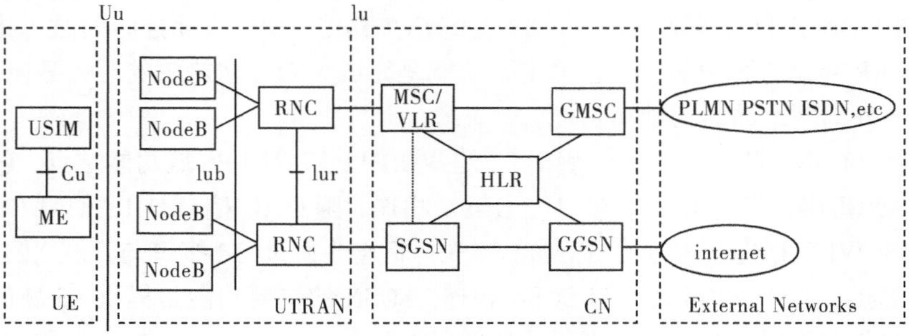

图 2.7 UMTS 系统网络构成示意图

从图2.7的UMTS系统网络构成示意图中可以看出，UMTS系统的网络单元包括如下部分：

（1）UE（User Equipment）

UE是用户终端设备，它通过Uu接口与网络设备进行数据交互，为用户提供电路域和分组域内的各种业务功能，包括普通话音、数据通信、移动多媒体、Internet应用（如E-mail、WWW浏览、FTP等）。

UE包括两部分：ME(The Mobile Equipment)，提供应用和服务；USIM(The UMTS Subscriber Module)，提供用户身份识别。

（2）UTRAN（UMTS Terrestrial Radio Access Network）

UTRAN即陆地无线接入网，分为基站（NodeB）和无线网络控制器（RNC）两部分。

① NodeB。NodeB是WCDMA系统的基站（即无线收发信机），通过标准的Iub接口和RNC互连，主要完成Uu接口物理层协议的处理。它的主要功能是扩频、调制、信道编码及解扩、解调、信道解码，还包括基带信号和射频信号的相互转换等功能。

② RNC(Radio Network Controller)。RNC是无线网络控制器，主要完成连接建立和断开、切换、宏分集合并、无线资源管理控制等功能。具体如下：

a. 执行系统信息广播与系统接入控制功能；

b. 切换和RNC迁移等移动性管理功能；

c. 宏分集合并、功率控制、无线承载分配等无线资源管理和控制功能。

（3）CN（Core Network）

CN即核心网络，负责与其他网络的连接和对UE的通信和管理。在WCMDA系统中，不同协议版本的核心网设备有所区别。从总体上来说，R99版本的核心网分为电路域和分组域两大块，R4版本的核心网也一样，只是把R99电路域中的MSC的功能改由两个独立的实体——MSC Server和MGW来实现。R5版本的核心网相对R4来说增加了一个IP多媒体域，其他的与R4基本一样。

R99版本核心网的主要功能实体如下：

① MSC/VLR。MSC/VLR是WCDMA核心网CS域功能结点，它通过Iu_CS接口与UTRAN相连，通过PSTN/ISDN接口与外部网络（PSTN、ISDN等）相连，通过C/D接口与HLR/AUC相连，通过E接口与其他MSC/VLR、GMSC或SMC相连，通过CAP接口与SCP相连，通过Gs接口与SGSN相连。MSC/VLR的主要功能是提供CS域的呼叫控制、移动性管理、鉴权和加密等功能。

② GMSC。GMSC是WCDMA移动网CS域与外部网络之间的网关结点，是可选功能结点，它通过PSTN/ISDN接口与外部网络（PSTN、ISDN、其他PLMN）相连，通过C接口与HLR相连，通过CAP接口与SCP相连。它的主要功能是完成VMSC功能中的呼入呼叫的路由功能及与固定网等外部网络的网间结算功能。

③ SGSN。SGSN(服务GPRS支持结点)是WCDMA核心网PS域功能结点，它通过Iu_PS接口与UTRAN相连，通过Gn/Gp接口与GGSN相连，通过Gr接口与HLR/AUC相连，通过Gs接口与MSC/VLR相连，通过CAP接口与SCP相连，通过Gd接口与SMC相连，通过Ga接口与CG相连，通过Gn/Gp接口与SGSN相连。SGSN的主要功能是提供PS域的路由转发、移动性管理、会话管理、鉴权和加密等功能。

④ GGSN。GGSN(网关GPRS支持结点)是WCDMA核心网PS域功能结点，通过Gn/Gp

接口与 SGSN 相连，通过 Gi 接口与外部数据网络（Internet/Intranet）相连。GGSN 提供数据包在 WCDMA 移动网和外部数据网之间的路由和封装。GGSN 主要功能是同外部 IP 分组网络的接口功能，GGSN 需要提供 UE 接入外部分组网络的关口功能，从外部网的观点来看，GGSN 就好像是可寻址 WCDMA 移动网络中所有用户 IP 的路由器，需要同外部网络交换路由信息。

⑤ HLR。HLR（归属位置寄存器）是 WCDMA 核心网 CS 域和 PS 域共有的功能结点，它通过 C 接口与 MSC/VLR 或 GMSC 相连，通过 Gr 接口与 SGSN 相连，通过 Gc 接口与 GGSN 相连。HLR 的主要功能是提供用户的签约信息存放、新业务支持、增强的鉴权等功能。

2. UTRAN 的基本结构

UTRAN 的结构如图 2.8 所示。

UTRAN 包含一个或几个无线网络子系统(RNS)。一个 RNS 由一个无线网络控制器(RNC)和一个或多个基站(NodeB)组成。RNC 与 CN 之间的接口是 Iu 接口，NodeB 和 RNC 通过 Iub 接口连接。在 UTRAN 内部，无线网络控制器（RNC）之间通过 Iur 互连，Iur 可以通过 RNC 之间的直接物理连接或通过传输网连接。RNC 用来分配和控制与之相连或相关的 NodeB 的无线资源。NodeB 则完成 Iub 接口和 Uu 接口之间的数据流的转换，同时也参与一部分无线资源管理。

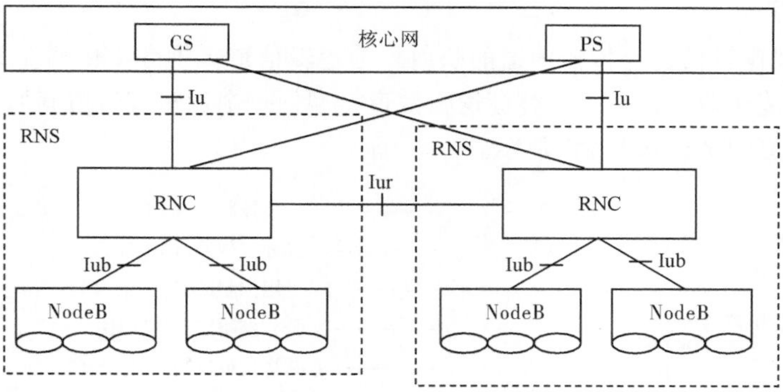

图 2.8　UTRAN 的结构

UTRAN 主要有如下接口：

（1）Cu 接口

Cu 接口是 USIM 卡和 ME 之间的电气接口，Cu 接口采用标准接口。

（2）Uu 接口

Uu 接口是 WCDMA 的无线接口。UE 通过 Uu 接口接入到 UMTS 系统的固定网络部分，可以说 Uu 接口是 UMTS 系统中最重要的开放接口。

（3）Iur 接口

Iur 接口是连接 RNC 之间的接口，Iur 接口是 UMTS 系统特有的接口，用于对 RAN 中移动台的移动管理。比如在不同的 RNC 之间进行软切换时，移动台所有数据都是通过 Iur 接口从正在工作的 RNC 传到候选 RNC。Iur 是开放的标准接口。

（4）Iub 接口

Iub 接口是连接 NodeB 与 RNC 的接口，Iub 接口也是一个开放的标准接口。这也使通过

Iub 接口相连接的 RNC 与 NodeB 可以分别由不同的设备制造商提供。

（5）Iu 接口

Iu 接口是连接 UTRAN 和 CN 的接口。类似于 GSM 系统的 A 接口和 Gb 接口。Iu 接口是一个开放的标准接口。这也使通过 Iu 接口相连接的 UTRAN 与 CN 可以分别由不同的设备制造商提供。Iu 接口可以分为电路域的 Iu-CS 接口和分组域的 Iu-PS 接口。

2.2.2 WCDMA 信道结构

在 WCDMA 系统的无线接口中，从不同协议层次上讲，承载用户各种业务的信道被分为：

- 逻辑信道。直接承载用户业务：根据承载的是控制平面业务还是用户平面业务分为两大类，即控制信道和业务信道。
- 传输信道。传输信道描述数据在空中接口怎样或者按照什么特征来进行传输：是无线接口层 2 和物理层的接口，是物理层对 MAC 层提供的服务。根据传输的是针对一个用户的专用信息还是针对所有用户的公共信息分为专用信道和公共信道两大类。
- 物理信道。各种信息在无线接口传输时的最终体现形式，每一种使用特定的载波频率、码（扩频码和扰码）以及载波相对相位都可以理解为一类特定的信道。

1. 逻辑信道

MAC 层实现逻辑信道与传输信道的映射，为逻辑信道提供数据传输业务，对于由 MAC 提供的不同数据传送业务定义了一整套逻辑信道类型，每个逻辑信道由其所传送的信息类型所定义，逻辑信道的结构如图 2.9 所示。

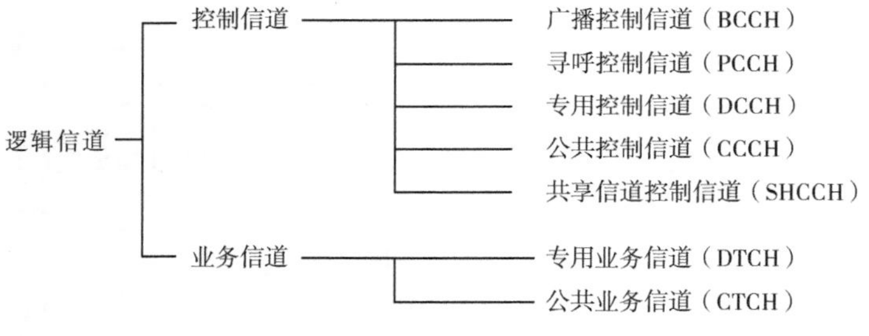

图 2.9 逻辑信道的结构

控制信道只用于控制平面信息的传送，包括广播控制信道 BCCH、寻呼控制信道 PCCH、专用控制信道 DCCH、公共控制信道 CCCH、共享信道控制信道 SHCCH。

- 广播控制信道（BCCH）：广播系统控制信息的下行链路信道；
- 寻呼控制信道（PCCH）：传输寻呼信息的下行链路信道；
- 专用控制信道（DCCH）：在 UE 和 RNC 之间发送专用控制信息的点对点双向信道，该信道在 RRC 连接建立过程期间建立；
- 公共控制信道（CCCH）：在网络和 UE 之间发送控制信息的双向信道，这个逻辑信道总是映射到 RACH/FACH 传输信道；
- 共享信道控制信道（SHCCH）：用于在网络和 UE 间传输控制信息的双向信道，用来对上下行共享信道进行控制。

业务信道只用于用户平面信息的传送，包括专用业务信道 DTCH 和公共业务信道 CTCH。

- 专用业务信道（DTCH）：是为传输用户信息的专用于一个 UE 的点对点信道。该信道在上行链路和下行链路都存在；
- 公共业务信道（CTCH）：向全部或者一组特定 UE 传输专用用户信息的点到多点下行链路。

2. 传输信道

传输信道是由 L1 提供给高层的服务，传输信道定义无线接口数据传输的方式和特性。传输信道分为专用信道和公共信道两大类，它们之间的主要区别在于公共信道可由小区内的所有用户或一组用户共同分配使用，而专用信道资源仅仅是为单个用户预留的，如图 2.10 所示。

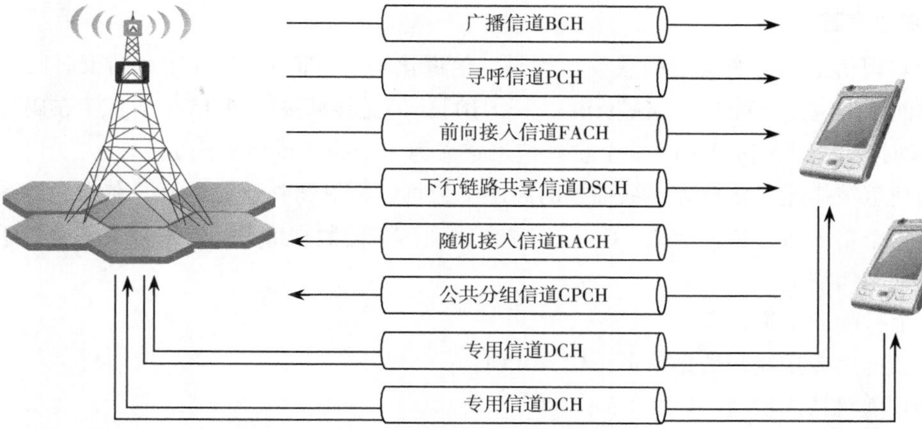

图 2.10　传输信道

专用传输信道仅存在一种，即专用信道 DCH。DCH 用于发送特定用户物理层以上的所有信息，其中包括实际业务的数据以及高层控制信息。

公共传输信道共有六种：BCH、FACH、PCH、RACH、CPCH 和 DSCH。与 2G 系统不同的是，可以在公共分组信道和下行链路共享信道中传输分组数据。同时，公共分组信道不支持软切换，但一部分公共分组信道可以支持快速功率控制。

（1）广播信道 BCH

是下行传输信道，用来发送 UTRA 网络或某一给定小区的特定信息。每个网络所需的最典型数据有：小区内可用的随机接入码和接入时隙或该小区中其他信道使用的发射分集方式。

（2）前向接入信道 FACH

是下行传输信道，用于向终端发送控制信息的下行链路传输信道。也就是说，该信道用于基站接收到随机接入消息之后。系统可以在 FACH 中向终端发送分组数据。

一个小区中可以有多个 FACH，但其中必须有一个具有较低的比特速率，以使该小区范围内的所有终端都能接收到，其他 FACH 也可以具有较高的数据速率。

（3）寻呼信道 PCH

是用于发送与寻呼过程相关数据的下行链路传输信道，用于网络与终端进行初始化。最简单的一个例子是向终端发起话音呼叫，网络使用终端所在区域内的小区的寻呼信道，向终端发送寻呼消息。寻呼消息可以在单个小区发送，也可以在几百个小区内发送，取决于系统配置。

（4）随机接入信道 RACH

是用来发送来自终端的控制信息（如请求建立连接）的上行链路传输信道。它同样也可以用来发送终端到网络的少量分组数据。

（5）公共分组信道 CPCH

是 RACH 信道的扩展，用来在上行链路方向发送基于分组的用户数据。CPCH 与一个下行链路的专用信道相随，该专用信道用于提供上行链路 CPCH 的功率控制和 CPCH 控制命令（如紧急停止）。

（6）下行链路共享信道 DSCH

是用来发送专用用户数据和/或控制信息的传输信道，它可以由几个用户共享。

3. **物理信道**

一个物理信道用一个特定的载频、扰码、信道化码（可选的）、开始和结束时间（有一段持续时间）来定义。对 WCDMA 来讲，一个 10 ms 的无线帧被分成 15 个时隙（在码片速率 3.84 Mcps 时为 2560 chip/slot）。一个物理信道定义为一个码（或多个码）。

传输信道被描述（比物理层更抽象的高层）为可以映射到物理信道上。在物理层看来，映射是从一个编码组合传输信道（CCTrCH）到物理信道的数据部分。除了数据部分，还有信道控制部分和物理信令。

对于上行物理信道，有：

- 上行链路专用物理数据信道（UL-DPCH）；
- 物理随机接入信道（PRACH）；
- 物理公共分组信道（PCPCH）。

对于下行物理信道，有：

- 下行链路专用物理信道（DL-DPCH）；
- 物理下行共享信道（PDSCH）；
- 公共导频信道（CPICH）；
- 同步信道（SCH）；
- 基本公共控制物理信道（P-CCPCH）；
- 辅助公共控制物理信道（S-CCPCH）；
- 捕获指示信道（AICH）；
- 寻呼指示信道（PICH）；
- 接入前缀捕获指示信道（AP-AICH）；
- 冲突检测信道分配指示信道（CD/CA-ICH）；
- CPCH 状态指示信道（CSICH）。

物理信道是各种信息在无线接口传输时的最终体现形式，每一种使用特定的载波频率、码（扩频码和扰码）以及载波相对相位（0 或 $\pi/2$）的信道都可以理解为一类特定的信道。物理信道按传输方向可分为上行物理信道与下行物理信道。

- 上行物理信道：有两个上行专用物理信道（上行专用物理数据信道 DPDCH 和上行专用物理控制信道 DPCCH）和两个上行公共物理信道（物理随机接入信道 PRACH 和物理共用分组信道 PCPCH），如图 2.11 所示。

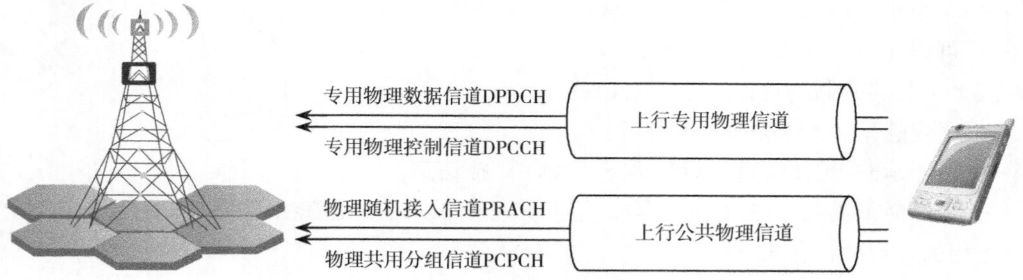

图 2.11　上行物理信道

- 下行物理信道：下行物理信道有下行专用物理信道、一个共享物理信道和五个公共控制物理信道。
  - 下行专用物理信道 DPCH；
  - 基本和辅助公共导频信道 CPICH；
  - 基本和辅助公共控制物理信道 CCPCH；
  - 同步信道 SCH；
  - 物理下行共享信道 PDSCH；
  - 捕获指示信道 AICH；
  - 寻呼指示信道 PICH；

下行物理信道如图 2.12 所示。

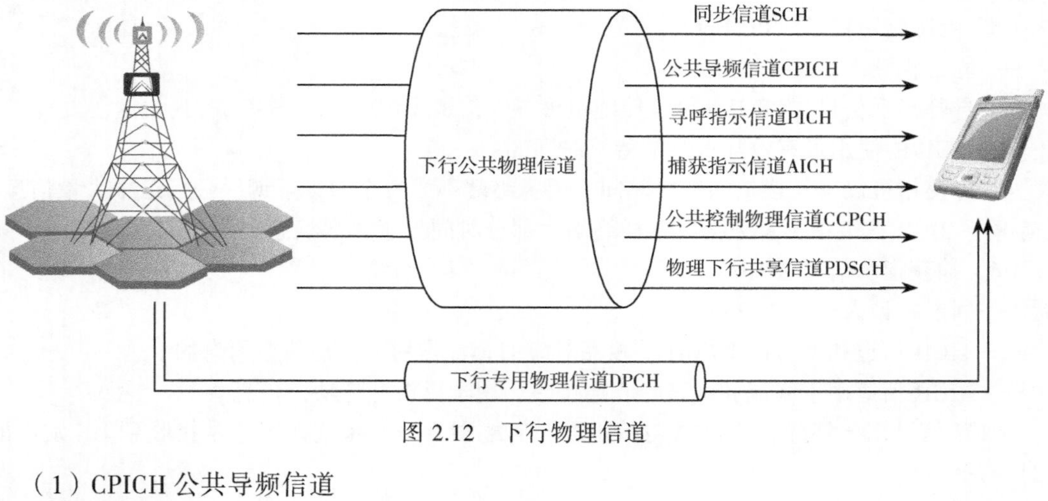

图 2.12　下行物理信道

（1）CPICH 公共导频信道

- 主 CPICH：

——使用相同的信道码，即 Cch，256，0，空中接口速率为 30 kbit/s。

——一个小区只有一个主 CPICH。

——用于确定切换测量和小区重选。

——调整 CPICH 的功率可使不同小区间的负载平衡。减少 CPICH 功率可使部分终端切换到其他小区，而增大 CPICH 的功率可使更多终端切换到该小区。

- 从 CPICH：

——可以使用任意信道码，主要满足 SF=256。

——一个小区可以有 0、1 或几个从扰码。

——可以在小区内部分发射。

（2）主公共控制物理信道 P-CCPCH

——固定速率（30 kbit/s，SF=256）

——用于承载 BCH 信道，传输系统下发的广播信息。

——每个时隙的头 256 chips 为空，用于分配给 SCH，P-CCPCH 和 SCH 在 1 个时隙上是时分复用的（交替传输）。

（3）从公共控制物理信道 S-CCPCH

——辅助公共控制物理信道（S-CCPCH）承载前向接入信道（FACH）和寻呼信道（PCH）

——FACH 用来传输下行信令消息和少量的数据业务；PCH 信道用来传输用户的寻呼消息

——SF=4～256。

当 UE 处于 CELL_FACH 时使用 FACH，当 UE 处于空闲状态、URA_PCH、CELL_PCH 时使用 PCH 信道。FACH 承载控制信令及少量数据或连接建立时消息；PCH 信道发送寻呼信息给 UE。一个小区有 16 个 S-CCPCH。

（4）同步信道

——SCH 用于小区搜索时，终端和基站之间建立同步。

——分成 P-SCH 和 S-SCH。

——主同步码在每个时隙内重复发射，用于建立和系统的时隙同步；从同步码用来建立和系统的帧同步，获取指定小区的主扰码，从而和系统建立联系。

（5）寻呼指示信道（PICH）

——固定扩频因子 SF = 256。

——寻呼指示信道（PICH）总是伴随包含寻呼信道（PCH）的 S-CCPCH 发送。

——PICH 的使用可有效降低终端待机时间。

PICH 使用可以延长终端的待机时间。因为终端不必每个时刻解调寻呼信道中大量信息，只需解析 PICH 信道中少量数据。这样终端大部分时间处于休眠状态。

（6）捕获指示信道 AICH

——固定扩频因子 SF = 256。

——AICH 信道和上行的 RACH 是相互对应的，都是用来传输信令消息的。

——AICH 信道用于终端和网络建立连接时，用于反馈开环功控信息。

AICH 信道用于终端接入网络初始阶段。向终端反馈，系统是否正常接收到 UE 发送的信息。

（7）物理随机接入信道 PRACH

——UE 初始接入网络时，用 PRACH 建立和网络的信令连接，和下行的 AICH 信道相对应。

——每两帧（20 ms）15 个接入时隙，接入时隙起始间隔 5120 码片，UE 在每个时隙起点随机接入。当终端向网络注册、位置更新以及建立呼叫连接时用到 RACH。

传输信道到物理信道的映射如图 2.13 所示。

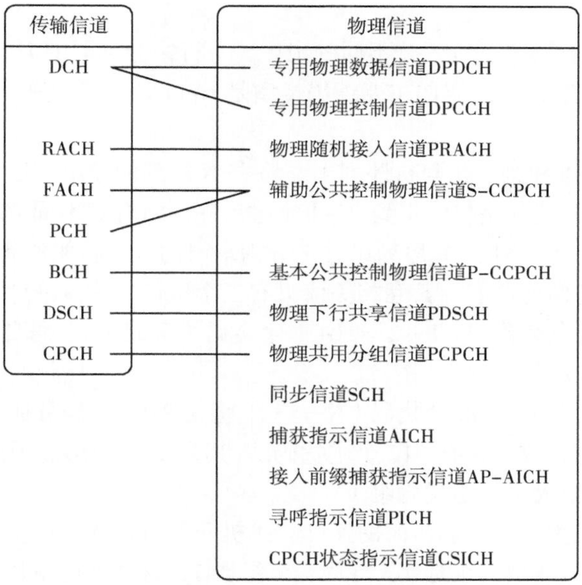

图 2.13　传输信道到物理信道的映射

逻辑信道定义传送信息的类型，这些信息可能是独立成块的数据流，也可能是夹杂在一起但是有确定起始位的数据流，这些数据流包括所有用户的数据。

传输信道是在对逻辑信道信息进行特定处理后再加上传输格式等指示信息后的数据流，这些数据流仍然包括所有用户的数据。

物理信道则是将属于不同用户、不同功用的传输信道数据流分别按照相应的规则确定其载频、扰码、扩频码、开始结束时间等进行相关的操作，并在最终调制为模拟射频信号发射出去；不同物理信道上的数据流分别属于不同的用户或者是不同的功用。

链路则是特定的信源与特定的用户之间所有信息传送中的状态与内容的名称，比如说某用户与基站之间上行链路代表二者之间信息数据的内容以及经历的一起操作过程。链路包括上行、下行等。

简单来讲：

逻辑信道＝｛所有用户（包括基站、终端）的纯数据集合｝

传输信道＝｛定义传输特征参数并进行特定处理后的所有用户的数据集合｝

物理信道＝｛定义物理媒介中传送特征参数的各个用户的数据的总称｝

打个比方，某人写信给朋友。

逻辑信道＝信的内容

传输信道＝平信、挂号信、航空快件等

物理信道＝写上地址，贴好邮票后的信件

4. **物理信道的应用**

OVSF 码：互相正交的一组码。表示法：Cch,SF,j-SF 表示矩阵的阶数，也是扩频系数；j 表示矩阵中的第 j+1 行。由于正交特性，用来区分同一扇区内不同的信道（用户）。是有限的，如 SF＝256，就是一个 256 阶的矩阵，共 256 行，就表示只有 256 个不同的 OVSF 码，只能区分 256 个用户。

Scrambling Code：扰码。下行区分不同的扇区，上行区分不同的 UE。这样，不同的扇区内可以使用同样的 OVSF 码。扰码的主要编码类型是 Gold Code（金码）。主扰码用于区分每个扇区。

Gold Code：先从 PN 序列（伪随机序列）说起。PN 序列的输出长度为 2^N-1（N 为移位寄存器的个数）。对应不同的起始位，得到 2^N-1 个输出序列组合。不同的移位寄存器组合，会得到不同的 PN 序列组合。不同 PN 序列组合中分别拿出的 PN 序列之间的互相关特性没有太强的规律，但有一些特殊的会有，其互相关值只有三个取值。称这样的序列为优选对。优选对移位模二加，就可总共得到 $2^N-1+2=2^N+1$ 个金码（家族）。金码自相关归一化为 1，互相关为 0。这样就可区分小区和 UE。

在下行物理信道上共有 8192 个扰码（N=13），将这 8192 个码分成 512 个组，每组有 16 个码，其中第一个为主扰码（共有 512 个主扰码），其余 15 个为次扰码。512 个组每 8 个组成一个大组，共有 64 个大组（主扰码组）。

为什么要分组？是为了提高同步时的速度。手机开机后寻找当前基站的主扰码时就可以采取分级的方法，先从 64 个大组选 1，再从 8 个组选 1，这样就能很快知道接入的扇区的主扰码是什么了。

现在可以看呼叫过程了。通过物理信道的使用来了解整个呼叫的过程。

（1）小区搜索

P-SCH↓—>S-SCH↓—>P-CPICH↓—>P-CCPCH↓（↑↓表示上下行）。

解释：手机一开机，首先要寻找 NodeB（或扇区），判断这个 NodeB（或扇区）用的是哪个主扰码，然后才能拿到小区开销信息。

所以先听主同步信道上的主同步码（PSC，手机和 NodeB 用的都一样，非周期自相关），做自相关，有自相关峰，说明周围有好的 NodeB。

然后再听辅同步信道上的辅同步码（SSC），共有 16 个，因为一个无线帧只有 15 个时隙，只用其中的 15 个。16 个中选择 15 个，这样不同的排列组合有很多，且具有唯一性，选择 64 个分别区分 64 个主扰码组。听完一帧后，根据 15 个 SSC 的排列顺序，就可以判断当前扇区属于哪个主扰码组（64 选 1）。

接着，听主公共导频信道 P-CPICH，确定到底是哪个主扰码。P-CPICH 的内容是一个高电位，使用固定的信道化编码 Cch，256，0，扰码使用的是主扰码。在手机确定是哪个主扰码组后，它只剩下 8 个主扰码（一个主扰码组是 8 个组，每组只有一个主扰码）。只有一致的主扰码才能最后解出 P-CPICH 中的高电位。通过一个一个试，直到得到高电位，这样就确定了主扰码。

得到主扰码，就可以听到主公共控制物理信道 P-CCPCH，因为它也是用主扰码来加扰的，信道化编码固定 Cch，256，1。它上的内容是小区的系统消息 BCCH。

通过以上步骤，即可通过手机了解附近小区的基本情况。之前的这一系列过程，都是盲检测。

（2）位置更新

PRACH Preamble↑->AICH↓->PRACH Message↑->S-CCPCH↓->DPDCH/DPCCH↑↓

在上一过程中，手机得到了小区的情况，但是基站还不知道有移动台。所以，手机必须要有一个注册的过程。

首先在主随机接入信道上发送随机接入前导。这是一个敲门的动作，同时也在进行开环功控。

手机会发送不止一个 Preamble，一开始做试探，功率小一点，看基站能不能听到。如果听不到，下一个 Preamble 的功率就增加一个步长，直到功率足够强，基站就听到了。Preamble 里的两个扰码来区分是哪个扇区哪个用户发来的前导。前导签名 Preamble Signature 用于区分用户，前导扰码用来区分扇区。

基站听到后，通过捕获指示信道 AICH 告诉手机可以继续发送具体的接入请求信息了。AICH 上的信息 AI 与 PRACH 上的签名对应。即如果是骆驼发送 Preamble，则基站回一个“骆驼，我听到你了，可以发接入消息了”。

于是，手机开始在 PRACH 上发送接入 Message。基站收到手机的接入请求后，通过辅助公共控制信道 S-CCPCH 给手机分配资源（通过传输信道 FACH 来分配），分配得到的主要是专用物理信道。

手机收到资源分配消息后，手机转到基站给它分配的 DPDCH/DPCCH 上进行注册或位置更新。这是双向的信道。

（3）手机空闲

P-CCPCH/PICH ↓

手机空闲时，要不断地监听基本公共控制信道，在这上面经常会发送一些小区开销信息，如哪些状态发生改变。所以手机要想在这个小区生活下去，就要不断地了解小区的规则以及小区环境的变化。

手机还要监听寻呼指示信道，它会告诉手机在辅助公共控制信道上有没有这个手机的寻呼消息。如果有，就转到辅助公共控制信道上去收。（S-CCPCH 映射 PCH）

（4）手机主叫

PRACH Preamble ↑ ->AICH ↓ ->PRACH Message ↑ ->S-CCPCH(FACH) ↓ ->DPDCH/DPCCH ↑ ↓

- 发送接入前导，进行呼叫请求，开环功控；
- 基站确认呼叫请求，发送 AI，通知手机继续发送具体接入请求；
- 手机发送接入消息；
- 基站通过 S-CCPCH（FACH）给手机分配信道；
- 手机占用 PDCH 进行话音通信。

（5）手机被叫

PICH ↓ ->S-CCPCH(PCH) ↓ ->PRACH Preamble ↑ ->AICH ↓ — >PRACH Message ↑ ->S-CCPCH(FACH) ↓ ->DPDCH/DPCCH ↑ ↓

快速寻呼消息。通过监听 PICH，得到有给此手机的寻呼消息。这个消息不是具体的寻呼消息，具体的要到 S-CCPCH（PCH）中得到。

在 S-CCPCH（PCH）中得到寻呼消息后，手机就试图接入相应的基站，后面就和手机主叫的过程一样了。

（6）高速数据传输（上行）

CSICH ↓ ->Access Preamble ↑ ->AP-AICH ↓ ->CD Preamble ↑ ->CD/CA-ICH ↓ ->PCPCH ↑

CSICH 指示一个 CPCH 信道的状态，即一个 CPCH 信道是不是可用。手机通过监听 CSICH，就可以知道有没有可用的 CPCH；如果手机知道有一个可用的 CPCH，就在 PCPCH 物理信道上发送接入前导。Preamble 同样进行敲门和开环功控；当基站收到请求，就通过接入前置捕获指示信道 AP-AICH 通知手机已收到请求。这是基站的第一次确认；手机收到第一次确认后，在 PCPCH 上发送碰撞检测前导 CD Preamble，来检测碰撞；基站收到后，通过 CD/CA-ICH 来确认；手机收到第二次确认后，就开始在 PCPCH 上传送高速数据信息。

2.3 WCDMA 关键技术

2.3.1 无线传输技术

无线传输技术（分集接收、Rake 接收、相干解调等）：解决误码率从 50%降低到 10%，这些技术的总增益约 10dB 左右。编解码技术可以将 10%的误码率降到 10^{-6} 以下，甚至更低，ARQ 技术就可以达到无差错传输数据。

1. **Rake 接收机**

CDMA 扩频码在选择时就要求它有很好的自相关特性。这样，在无线信道中出现的时延扩展，就可以被看作只是被传信号的再次传送。如果这些多径信号相互间的延时超过了一个码片的长度，那么它们将被 CDMA 接收机看作非相关的噪声，由于在多径信号中含有可以利用的信息，所以 CDMA 接收机可以通过合并多径信号来改善接收信号的信噪比。其实 Rake 接收机所做的就是：通过多个相关检测器接收多径信号中的各路信号，并把它们合并在一起。理论基础就是：当传播时延超过一个码片周期时，多径信号实际上可被看作是互不相关的。Rake 接收机既可以接收来自同一天线的多径，也可以接收来自不同天线的多径，如图 2.14 所示。

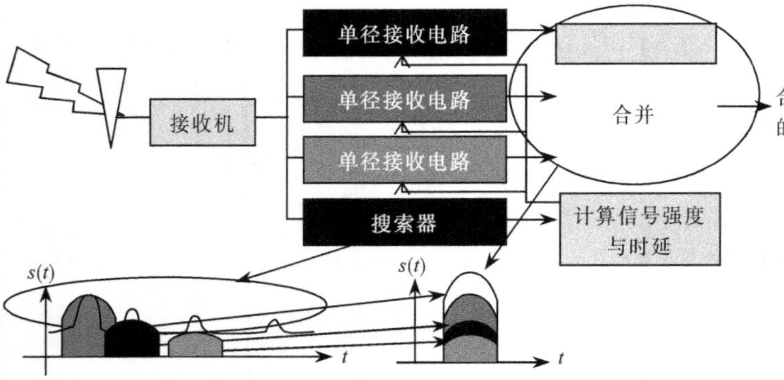

图 2.14 Rake 接收

2. **分集接收原理**

为了对抗衰落，可以采用多种措施，比如信道编解码技术、抗衰落接收技术或者扩频技术。分集接收技术被认为是明显有效而且经济的抗衰落技术。

无线信道中接收的信号是到达接收机的多径分量的合成。如果在接收端同时获得几个不同路径的信号，将这些信号适当合并成总的接收信号，就能够大大减少衰落的影响。这就是分集的基本思路。分集的字面含义就是分散得到几个合成信号并集中（合并）这些信号。

互相独立或者基本独立的一些接收信号，一般可以利用不同路径或者不同频率、不同角度、不同极化等接收手段来获取：

空间分集：在接收或者发射端架设几副天线，各天线的位置间要求有足够的间距（一般在 10 个信号波长以上），以保证各天线上发射或者接收的信号基本相互独立。

3. **信道编码**

不同的编码方案得到的编码增益是不同的。通常采用的编码方式有卷积码、Turbo 码、Reed-Solomon 码、BCH 码等。WCDMA 选用的码字是语音和低速信令采用卷积码，数据采用 Turbo 码。

编码目的：在原数据流中加入冗余信息，使接收机能够检测并纠正由于传输媒介带来的信号误差。

主要有两种编码方法：

卷积码：在 WCDMA 系统中主要用于低速率的话音信道和控制信道。

Turbo 码：主要用于分组业务数据的传送。

2.3.2 功率控制技术

功率控制是 WCDMA 通信技术的关键。实现 WCDMA 通信的规模商用，必须解决好功率控制。Qualcomm（高通）公司对 WCDMA 系统功率控制作出了巨大贡献。

1. **功率控制的作用**

- 降低多余干扰；
- 解决远近效应；
- 解决阴影效应；
- 节约电池功率；
- 补偿部分衰落。

2. **远近效应**

WCDMA 网络的典型问题是远近效应问题，如图 2.15 所示。因为同一小区的所有用户分享相同的频率，所以对整个系统来说，每个用户都以最小的功率发射信号显得极其重要。在 WCDMA 网络中，可以通过调整功率来解决这一问题。

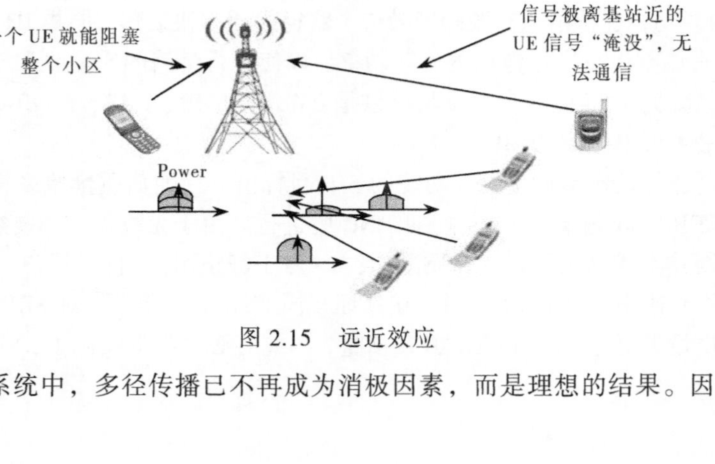

图 2.15　远近效应

在 WCDMA 系统中，多径传播已不再成为消极因素，而是理想的结果。因为接收机能将时延至少为 1Chip（UMTS 网络数据传输率为 3.84 Mbit/s，即 1Chip=0.26 μs，相当于 78 m）的信号组合成有效信号。

功率控制能克服远近效应和补偿衰落；减小多址干扰，保证网络容量；延长电池使用时间。

3. **功率控制分类**

在 WCDMA 系统中，功控可以分为两大类：开环功控和闭环功控。

（1）开环功控

开环功控的目的是提供初始发射功率的粗略估计。它是根据测量结果对路径损耗和干扰水平进行估计，从而计算初始发射功率的过程。在 WCDMA 中，开环功率控制上下行情况都用到。开环是采用上行链路干扰情况估计下行链路或根据下行链路估计上行链路，是不闭合的。而内环是存在一反馈环，是闭合的。

上行开环：UE 测量 CPICH 的接收功率计算上行初始发射功率。

下行开环：NodeB 测量上行信道的干扰水平，并上报 RNC，RNC 根据测量值确定 NodeB 的下行初始发射功率。

（2）闭环功控

闭环功控是对通信期间的上、下行链路进行快速功率调整，以使链路的质量收敛于目标 SIR。

闭环功控又分为内环功控和外环功控。

内环功控的主要作用是通过控制物理信道的发射功率，使接收 SIR 收敛于目标 SIR。WCDMA 系统中是通过估计接收到的 Eb/No（比特能量与干扰功率谱密度之比）来发出相应的功率调整命令的，而 Eb/No 与 SIR 具有一定的对应关系。例如，对于 12.2 kbit/s 的语音业务，Eb/No 的典型值为 5.0 dB，在码片速率为 3.84 Mcps 的情况下，处理增益为 10log10（3.84M/12.2k）=25 dB。所以 SIR＝5 dB-25 dB=-20 dB。即：载干比(C/I)>-20 dB。

① 上行内环功控：作用是克服远近效应、阴影效应、路径损耗，并可部分地克服快衰落。NodeB 对上行链路的 SIR 值进行测量，将测量值与预先设置的门限（SIRtarget）比较，如果测量值小于门限就向 UE 发出升高功率的 TPC（Transmit Power Control，发射功率控制）命令；如果大于门限就向 UE 发出值为降低功率的 TPC 命令。UE 根据接收到的 TPC 命令进行快速功率调整，最终使上行链路的质量收敛于 SIRtarget。

② 下行内环功控：作用是克服阴影效应、路径损耗和快衰落。同样 BTS3812 根据 UE 发射的 TPC 命令来调整下行专用链路的发射功率，以使下行链路的质量收敛于 SIRtarget。其下行内环功控的频率为 1.5 kHz，功控步长可以是 0 dB、0.5 dB、1 dB、1.5 dB、2 dB，下行链路功控动态范围最大可以达到 25 dB。

外环功控是通过动态地调整内环功控的 SIR 目标值，使通信质量始终满足要求（即达到规定的 FER/BLER/BER 值）。外环功控在 RNC 中进行。由于无线信道的复杂性，仅根据 SIR 值进行功率控制并不能真正反映链路质量。比如：对于静止用户、低速用户（移动速率 3 km/h）和高速用户（移动速率 50 km/h）来说，在保证相同 FER 的基础上，对 SIR 的要求是不同的。而最终的通信质量是通过 FER/BLER/BER 衡量，因此有必要根据实际 FER/BLER 值动态调整 SIR 目标值。

外环功控原因：由于无线信道的复杂性，仅根据 SIR 值进行功率控制并不能真正反映链路质量，而最终的通信质量是通过 FER/BLER/BER 衡量，因此有必要根据实际 FER/BLER 值动态调整 SIR 目标值。

这两种方式的区别在于：开环是采用上行链路干扰情况估计下行链路或根据下行链路估计上行链路，是不闭合的。而闭环是存在一反馈环，是闭合的；开环功控的初始发射功率是由 RNC（下行）或 UE（上行）确定，而闭环功控是由 NodeB 完成，RNC 仅给出内环功控的目标 SIR 值。

外环功率控制是慢变化的粗调节（RNC 到 NodeB），内环功率控制是快变化的细调节（NodeB 到 UE）。

2.3.3　切换控制技术

当移动台慢慢走出原先的服务小区，将要进入另一个服务小区时，原基站与移动台之间的链路将由新基站与移动台之间的链路来取代，这就是切换的含义。目的是保持终端在移动过程中跨越不同无线覆盖区域时，业务的连续性。

在蜂窝结构的无线移动通信系统中，当移动台从一个小区移动到另一个小区时，为保持移动用电话不中断通信需要进行的信道切换称为越区切换。根据切换方式不同，越区切换可以分为硬切换和软切换两种情况。

1. 切换的分类

（1）软切换

- 同一 NodeB 下的小区软切换（更软切换）；
- 不同 NodeB 间的小区软切换；
- 不同 RNC 间的小区软切换（涉及 Iur 口）。

（2）硬切换

- 不同载频间的硬切换；
- 同一载频下的硬切换（强制性硬切换）；
- 系统间硬切换（如与 GSM 之间）；
- 不同模式间硬切换（如 FDD 与 TDD 之间）。

2. 软切换

软切换指当移动台开始与一个新的基站联系时，并不立即中断与原来基站之间的通信。软切换仅仅能运用于具有相同频率的 WCDMA 信道之间。

软切换是在载波频率相同的基站覆盖小区之间的信道切换。当 UE 开始与一个新的小区建立联系时并不中断与原小区的联系。在软切换状态下，UE 与多于一个小区建立无线链路。切换过程中，移动用户可能同时与两个基站进行通信，从一个基站到另一个基站的切换过程中，没有通信中断的现象，真正实现了无缝切换。CDMA 系统独有的切换功能，可有效地提高切换的可靠性。

软切换肯定是同频的切换，同频切换不一定是软切换。

软切换和更软切换的区别在于：更软切换发生在同一 NodeB 中，分集信号在 NodeB 做最大增益比合并。而软切换发生在两个 NodeB 之间，分集信号在 RNC 做选择合并。

3. 硬切换

硬切换是当呼叫从一个小区交换到另一个小区或者从一个载波交换到另一个载波时发生，它是一个时刻只有一个业务信道可用时发生的切换。硬切换采取的是连接之前先断开的方式，在与新的业务信道建立连接之前先断开与旧的业务信道的连接。切换过程中，移动用户仅与新旧基站其中一个连通，从一个基站切换到另一个基站过程中，通信链路有短暂的中断时间（可能掉话）。

硬切换包括同频、异频和异系统间切换三种情况。要注意的是：软切换是同频之间的切换，但同频之间的切换不都是软切换。如果目标小区与原小区同频，但是属于不同 RNC，而且 RNC 之间不存在 Iur 接口，就会发生同频硬切换。另外，同一小区内部码字切换也是硬切换。

异频硬切换和异系统硬切换需要启动压缩模式进行异频测量和异系统测量。

异系统硬切换包括 FDD mode 和 TDD mode 之间的切换，在 R99 中，还包括 WCDMA 系统和 GSM 系统间的切换，在 R2000 中，还包括 WCDMA 和 CDMA2000 之间的切换。

WCDMA 和 GSM 系统间的切换：WCDMA 和 GSM 标准支持 WCDMA 与 GSM 之间两个方向的切换。这些切换被使用是为了覆盖和负载平衡的原因。在 WCDMA 配置的初期，有必要能切换到 GSM 系统以提供连续的覆盖，从 GSM 切换到 WCDMA 可用来减少 GSM 小区的负载。当 WCDMA 网络的业务量提高时，由于负载的原因而进行双向切换是很重要的。系统间的切换是由源 RNC/BSC 触发的，从接收系统的角度来看，系统间切换与 RNC 间切换或 BSC 间切换相似。

WCDMA 内的频率间切换：大多数 UMTS 运营商有 2～3 个可用的 FDD 载波，运营商可使用一个频率开始运营，第二和第三频率需要用来对付随后容量的增加。几个频率可以通过两种不同的方法使用。对于高容量的站点，在同一个站点可使用几个频率，或者宏小区层与微小区层使用不同的频率。在 WCDMA 载波间的频率间切换需要支持这些方案。与系统间切换一样，频率间切换也需要同样方式的压缩模式测量。

4. 切换的流程

（1）切换控制中小区的关系

- 激活集（active set）：指与某个移动台建立连接的小区的集合。用户信息从这些小区发送。
- 监测集（monitor set）：不在激活集中，但是根据 UTRAN 分配的相邻结点列表而被监测的小区，属于监测集。
- 检测集（detected set）：UE 能够检测到的，既不在激活集中，也不在监测集中的小区。

（2）切换控制流程

测量控制（UE）—>测量结果的报告（UE 到 NodeB、RNC）—>根据切换算法进行判决（RNC）—>切换的执行（RNC 到 NodeB、UE）—>新的测量控制。

（3）切换的事件

- Event1：

1A：一个主导频信道进入报告范围；

1B：一个主导频信道离开报告范围；

1C：一个不在 active set 中的主导频信道的导频信号强度超过一个在 active set 中的主导信道的导频信号强度；

1D：最好小区发生变化；

1E：一个主导频信道的导频信号强度超过一个绝对门限值；

1F：一个主导频信道的导频信号强度低于一个绝对门限值。

- Event2：

2A：最好的频率发生变化，指异频小区的信号质量高于激活集内最好小区的质量；

2B：当前载频的信号质量低于一个值，而异频信号的质量高于一个值；

2C：异频信号的质量高于一个值；

2D：当前载频的质量低于一个值；

2E：异频信号的质量低于一个值；

2F：当前载频的质量高于一个值。

（4）切换算法流程（见图 2.16）

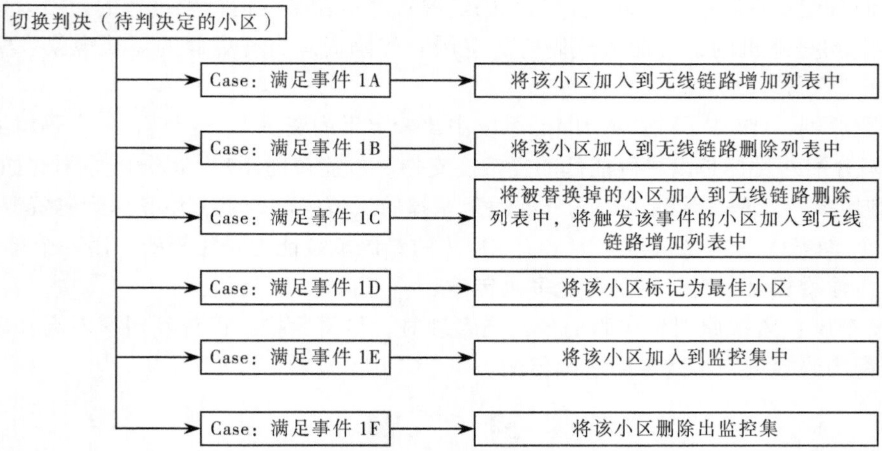

图 2.16　切换算法流程

2.3.4　接纳控制技术

在用户发起呼叫时，RRM 根据系统资源的可用情况决定接纳还是拒绝用户。当系统剩余的资源足够用户使用时，接纳呼叫的用户，并分配相应的资源（如扰码、信道码等）给呼叫用户。

接纳控制时对呼叫业务分优先级进行接纳判断。切换呼叫的优先级高，新呼叫的优先级低。在新呼叫和切换呼叫中又细分优先级，即将其中的实时业务和非实时业务分优先级。

实时业务对时延的要求较高，非实时业务往往是时延不限制（UDD）业务，对时延的要求较低，因此实时业务（CS 域业务）的优先级要高些。

2.3.5　小区呼吸

WCDMA 网络与 GSM 网络完全不同。由于不再把信道和用户分开考虑，也就没有了传统的覆盖和容量之间的区别。一个小区的业务量越大，小区面积就越小。因为在 WCDMA 网络中，业务量增多就意味着干扰的增大。这种小区面积动态变化的效应称为“小区呼吸”。

小区呼吸的主要目的是将某些“热点小区”的负载分担到周围负载较轻的小区中，提高系统容量的利用率。

2.3.6 码资源分配管理

WCDMA 是一个自干扰、动态统计复用的无线接入系统。CDMA 码分多址技术的目的是实现多用户在相同载频并行传输，有效提升频谱利用率。

信道码分配的目标是为每个用户分配自己的信道码（OVSF 码），在同一个载频上标识并区分不同用户的连接（信源–信宿），从而实现了多用户在相同载频并行传输。

在 WCDMA 系统中，上行的用户靠扰码区分，下行的用户（物理信道）靠 OVSF 码区分。上行容量是干扰受限，下行容量是功率和码资源受限。因为码树结构的特点，任何一个结点前后均不正交，只有在相同 SF 值的垂直方向才是正交的，因此码资源可能不够用。必须进行码资源分配与管理。

码资源分配是在呼叫接入时进行的，码资源管理是在系统运行中进行的，因为建立和释放无线链路均是随机的，可能造成码树的空洞。使码资源出现虚假的短缺现象。实际中取 SF=4～256（下行 512）。

码分配原则：OVSF 码是 WCDMA 系统中比较宝贵的资源。下行只有一个码树给很多用户使用。码分配的目标是以尽可能低的复杂度支持尽可能多的用户。码分配原则有如下两个：

① 利用率：就是尽量减少因码分配而阻塞掉的低值码的数量，使其达到码资源最少化。比如，一个单码 $C_{4,1}$ 的承载能力与（$C_{8,1}$，$C_{8,3}$）的双码承载能力是相等的。用一个单码 $C_{4,1}$ 更好。多码传输增加复杂度，尽量避免多码传输。

② 复杂度：紧挨原则，在码的分配与管理时，尽量紧挨，以免利用率不高；就是要尽量减少分配的码数量，尽量不用多码传输。

习　题

一、填空题

1. WCDMA 的信号带宽：________MHz；码片速率：________Mcps；其语音编码采用 AMR 编码。

2. WCDMA 的基本原理是依据________通信。

3. 公式 $C=B\log_2(1+S/N)$是________公式，它是 WCDMA 网络的理论基础。

4. 用物理信道描述小区搜索的过程主要是：

a. 手机一开机，首先要寻找________（或扇区），判断这个 NodeB（或扇区）用的是哪个主扰码，然后才能拿到小区开销信息。

b. 然后先听________（P-SCH）上的主同步码（PSC、手机和 NodeB 用的都一样，非周期自相关），做自相关，有自相关峰，说明周围有好的 NodeB。

c. 再听________（S-SCH）上的辅同步码（SSC），共有 16 个，因为一个无线帧只有 15 个时隙，只用其中的 15 个。16 个中选择 15 个，这样不同的排列组合有很多，且具有唯一性，选择 64 个分别区分 64 个主扰码组。听完一帧后，根据 15 个 SSC 的排列顺序，就可以判断当前扇区属于哪个主扰码组（64选1）。

d. 接着，监听________（P-CPICH），确定到底是哪个主扰码。

e. 得到主扰码，就可以听到________（P-CCPCH），因为它也是用主扰码来加扰的，信道化编码固定Cch，256，1。它上的内容是小区的系统消息BCCH。

f. 通过以上步骤，即可通过手机了解附近小区的基本情况。之前的这一系列过程都是盲检测。

5. 512个主扰码又可以分为________个扰码组，每组由________个主扰码组成。

6. 信号被离基站近的UE信号“淹没”，无法通信，这一现象称为________。

7. 采用________技术减少了用户间的相互干扰，提高了系统整体容量，克服远近效应。

8. ________的目的：提供初始发射功率的粗略估计。

9. ________是对专用信道精确的功率控制。

10. ________决定了WCDMA系统的容量。

11. 当移动台慢慢走出原先的服务小区，将要进入另一个服务小区时，原基站与移动台之间的链路将由新基站与移动台之间的链路取代，这就是________。

12. 根据切换方式不同，越区切换可以分为________和________两种情况。

13. ________的主要目的是将某些“热点小区”的负载分担到周围负载较轻的小区中，提高系统容量的利用率。

14. 信道码分配的目标是为每个用户分配自己的________，在同一个载频上标识并区分不同用户的连接（信源-信宿），从而实现了多用户在相同载频并行传输。

15. ________就是通过多个相关检测器接收多径信号中各路信号，并把它们合并在一起。

16. CPICH导频信道分为________和________。

二、选择题

1. 通过（　　）技术，WCDMA可以获得高速率，大容量。

A. 纠错编码技术　　B. 扩频技术

C. 交织技术　　D. WCDMA多址接入方式

2. 通过（　　）技术，WCDMA可以克服干扰。

A. 纠错编码技术　　B. 扩频技术

C. 交织技术　　D. WCDMA多址接入方式

3. WCDMA的信道编码主要有两种，分别是（　　）。

A. 卷机码　　B. 分组码　　C. Turbo码　　D. 正反码

4. WCDMA网络中，UTRAN的信道分为（　　）。

A. 逻辑信道　　B. 传输信道　　C. 控制信道　　D. 物理信道

5. 广播系统控制信息的下行链路信道，称为（　　）。

A. 寻呼控制信道（PCCH）　　B. 广播控制信道（BCCH）

C. 公共控制信道（CCCH）　　D. 公共业务信道（CTCH）

6. 传输寻呼信息的下行链路信道，称为（　　）。

A. 公共业务信道（CTCH）　　B. 广播控制信道（BCCH）

C. 公共控制信道（CCCH）　　D. 寻呼控制信道（PCCH）

7. 在 UE 和 RNC 之间发送专用控制信息的点对点双向信道，该信道在 RRC 连接建立过程期间建立，称为（　　）。

A. 公共业务信道（CTCH）　　B. 广播控制信道（BCCH）

C. 专用控制信道（DCCH）　　D. 寻呼控制信道（PCCH）

8. WCDMA 网络接口包括（　　）。

A. Iu　　B. Iur　　C. Iub　　D. Uu

9. 切换控制中小区的关系包括（　　）。

A. 激活集　　B. 监测集　　C. 检测集　　D. 切换集

10. 切换控制流程：（　　）

A. 测量（UE）

B. 测量结果的报告（UE 到 NodeB、RNC）

C. 根据切换算法进行判决（RNC）

D. 切换的执行（RNC 到 NodeB、UE）

11. WCDMA 系统容量的特点是容量是软的。其软容量的定义是（　　）。

A. 系统容量与通信质量可以互换

B. 不同的业务有不同的容量

C. 承载混合业务时，不同的业务比例和构成，有不同的容量

D. 小区呼吸

12. WCDMA 技术的优势有（　　）。

A. 更大的系统容量，更优的话音质量，更高的频谱效率

B. 更快的数据速率，更强的抗衰落能力

C. 更好的抗多径性

D. 适应高达 500 km/h 的移动速度

13. （　　）用于承载 BCH 信道，传输系统下发的广播信息。

A. 辅助公共控制物理信道 F-CCPCH

B. 从公共控制物理信道 S-CCPCH

C. 基础公共控制物理信道 P-CCPCH

D. 同步信道 SCH

14. 扩频后的码片速率等于（　　）。

A. 符号速率 ×2　　B. 符号速率 ×4

C. 符号速率 ×扩频因子　　D. 符号速率+扩频因子

15. 上行扰码共 2^{24} 个，用于区分（　　）。

A. 不同的小区　　B. 同一小区的不同用户

C. 不同时隙

三、判断题

1. 广播信道（BCH）：是一个上行传输信道，用于广播系统或小区特定的信息。（　　）

2. 前向接入信道（FACH）：是一个下行传输信道。FACH 在整个小区或小区内某一部分

使用波束赋形的天线进行发射。（ ）

3. 寻呼信道（PCH）：是一个下行传输信道。PCH 总是在整个小区内进行发送。（ ）

4. 逻辑信道分为业务信道和控制信道。（ ）

5. 下行扰码共 $2^{18}-1$ 个，用于区分不同的小区。（ ）

6. 公式 $C=B\log_2(1+S/N)$的解释如下：在信道容量 C 不变的情况下，信号频带宽度 B 与信噪比 S/N 完全可以互相交换，即可以通过增大传输系统的带宽以在较高信噪比的条件下获得比较满意的传输质量。（ ）

7. 信道化码的特点中，分配码的前提要保证其到树根路径上和其子树上没有其他码被分配。（ ）

8. 接纳控制时对呼叫业务分优先级进行接纳判断，切换呼叫的优先级低，新呼叫的优先级高。（ ）

9. 手机被叫流程中，在 S-CCPCH（PCH）得到寻呼消息后，手机试图接入相应的基站，后面就和手机主叫的过程一样了。（ ）

10. 高速数据传输中，当基站收到请求，就通过接入前置捕获指示信道 AP-AICH 通知手机已收到请求。这是基站的第一次确认。（ ）

11. 一个逻辑信道用一个特定的载频、扰码、信道化码（可选的）、开始和结束时间（有一段持续时间）来定义。（ ）

四、简答题

1. 简述 WCDMA 各接口的功能。
2. 简述 WCDMA 信道的分类和功能。
3. 简述 WCDMA 关键技术的功能。

第3章 WCDMA 网络测试方法与流程

3.1 WCDMA 网络优化分类

网络优化主要是持续改善网络质量。在 WCDMA 移动通信网络中，网络优化是一项至关重要的工作，也是运营商最关心的工作。网络优化有两个目的：从运营商效益方面考虑，在现有网络资源下，合理配置资源，提高设备利用率以及优化网络运行质量；从用户满意度方面考虑，满足用户对于服务质量的要求，通过优化改善接通率、掉话率等直接影响用户主观感受的关键指标，为用户提供更加可靠、稳定、优质的网络服务。根据网络运营的不同阶段，网络优化一般可分为工程优化和运维优化两部分。工程优化指在涉及较大网络投资的工程建设阶段进行的优化，包括新建网络以及扩容工程的优化，该工作在工程建设完成后、投入运营之前进行，目标是通过调测和优化使网络达到验收指标并可以正常开通。对于新建网络，由于没有正式投入商用，网络中没有实际的用户，因此优化工作内容是通过大量 DT 和 CQT 工作了解和验证网络性能，以保证网络的顺利开通。工程优化的内容主要包括单站配置检查、单站调测、片区优化以及全网优化等。运维优化主要是指系统在正式投入商用后至下一次网络扩容之前，为保持和提高网络质量、有效利用网络资源而开展的日常优化工作。运维优化不涉及较大的网络投资，其工作重点是改善客户的感知度。运维优化贯穿于网络运营维护的全过程。网络投入商用后，运营维护和优化是相辅相成的。维护侧重于网络性能的监测、网络故障的处理、用户投诉的响应和系统升级管理，其解决的问题往往是显而易见的故障性问题；而优化则侧重于通过网络性能、网络故障、用户投诉等信息的统计，进行问题分析、定位和处理，其解决的问题可以是故障性问题，也可以是系统性问题，但往往是难以实时发现和解决的问题。与工程优化不同的是，运维优化是长期和循环式的工作，工作内容较为繁杂，需要工作人员具备丰富的优化经验。

3.1.1 工程优化

工程优化是在网络建设完成后放号前进行的网络优化。工程优化的主要目标是让网络能够正常工作，同时保证网络达到规划的覆盖及干扰目标。

工程优化的主要工作有：

- 排除系统的硬件故障；
- 检查小区配置与网络规划目标的一致性；
- 使覆盖和干扰达到一个满意的水平。

1. **排除系统的硬件故障**

- 将任何硬件故障从系统中排除是非常重要的；
- 硬件排障通常是按照基站簇的划分来进行的；
- 硬件排障可以说是设备供应商的职责；
- 但是对运营商来说，了解硬件排障的过程和具备检验设备的能力也是很重要的。

2. **小区配置检查**

- 检查站点是否处于正确的位置；
- 天线是否采用了正确的型号；
- 天线的挂高、方向角和下倾角是否全部按照规划方案部署；
- 馈线是否采用了正确的型号，馈线的长度是否合适；
- 小区的参数（比如公共信道功率等）是否与规划的一致。

3. **覆盖和干扰的优化目标**

典型的门限值：95%的覆盖区域接收到的导频强度大于-89 dBm（密集城区）或者大于-94 dBm（城区）；95%的覆盖区域测量到的导频 Ec/Io 大于-10 dB。

4. **改善覆盖的工作步骤**

- 开展路测（Drive Test），采集路测数据；
- 通过分析路测数据，确定覆盖的空洞；
- 评估这些覆盖空洞的严重性，并且按照优先顺序进行排序；
- 按照优先顺序解决覆盖问题，直到满足覆盖的优化目标。

5. **改善干扰的工作步骤**

- 确定导频 Ec/Io 低于门限值的区域；
- 检查这些区域导频电平情况（这些区域很可能有三个以上的导频信号）；
- 在这些区域接收到的导频中，找出任何“不期望”的导频（这些导频信号来自那些并没有被设计成为这些区域提供覆盖的小区）；
- 降低这些“不期望”的导频信号强度（通常采用增加下倾角的方法）。同时，也要小心这样做对小区服务范围内覆盖的影响（可以利用规划工具来检查对覆盖的影响）。

3.1.2 运维优化

运维优化是在网络运营期间，通过优化手段来改善网络质量，提高客户满意度。运维优化包括如下三方面的工作：

- 日常维护；
- 阶段优化；
- 网络运营分析。

放号后（Post-launch）运维优化的目标：

- 提高服务质量；
- 提高系统容量；
- 提高服务的覆盖范围（比如增加高速率数据业务的覆盖范围）；

- 为热点区域提供更好的服务；
- 最大化投资回报。

放号后运维优化的主要工作将会涉及：

- 增加基站；
- 对已经存在的基站进一步扇区化；
- 优化参数；
- 减小干扰；
- 使用一个以上的载频；
- 实施分层小区结构；
- 提供室内覆盖的解决方案。

网络运营分析（见图 3.1）适用于正式运营的网络，通过定期提取和分析 OMC 性能统计数据，分析可能存在的设备问题或网络问题，并提交网络运营分析报告，为客户的网络调整和优化提供参考。

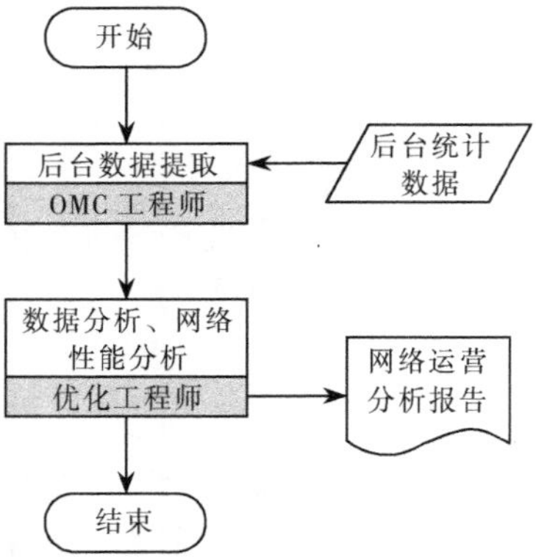

图 3.1　网络运营分析

工程优化与运维优化的区别如表 3.1 所示。

表 3.1　工程优化与运维优化的区别

	工程优化	运维优化
所处阶段	商用放号前	商用放号后
网络负载	基本上空载	用户容量逐渐增加
优化目标	让网络达到商用放号的覆盖和质量要求	确保网络运行正常，提升网络性能指标，发现网络潜在的问题，为下一步网络的变化提前做好分析工作
优化重点	改善无线覆盖	提升网管 KPI 性能指标
优化方法	以全网性的 DT 和 CQT 为主	以网管性能指标监控和分析为主，辅以针对性的 DT 和 CQT

3.2 WCDMA 网络优化流程

WCDMA 网络结构复杂，应用业务众多，加上目前投入运营的时间不长，虽然 WCDMA 的技术先进，但是种种原因还是造成了目前 WCDMA 网络规划和优化的工作存在一定的问题。例如：WCDMA 网络设计和优化人员的能力有待增强；针对设计和优化的辅助工具不足；与 2G 网络相比，WCDMA 网络优化工作需要大量的时间和人力；由于 WCDMA 网络的复杂性，如何以最有效的方法进行总体项目管理将是运营商面临的重要问题。

WCDMA 无线网络优化流程如图 3.2 所示。

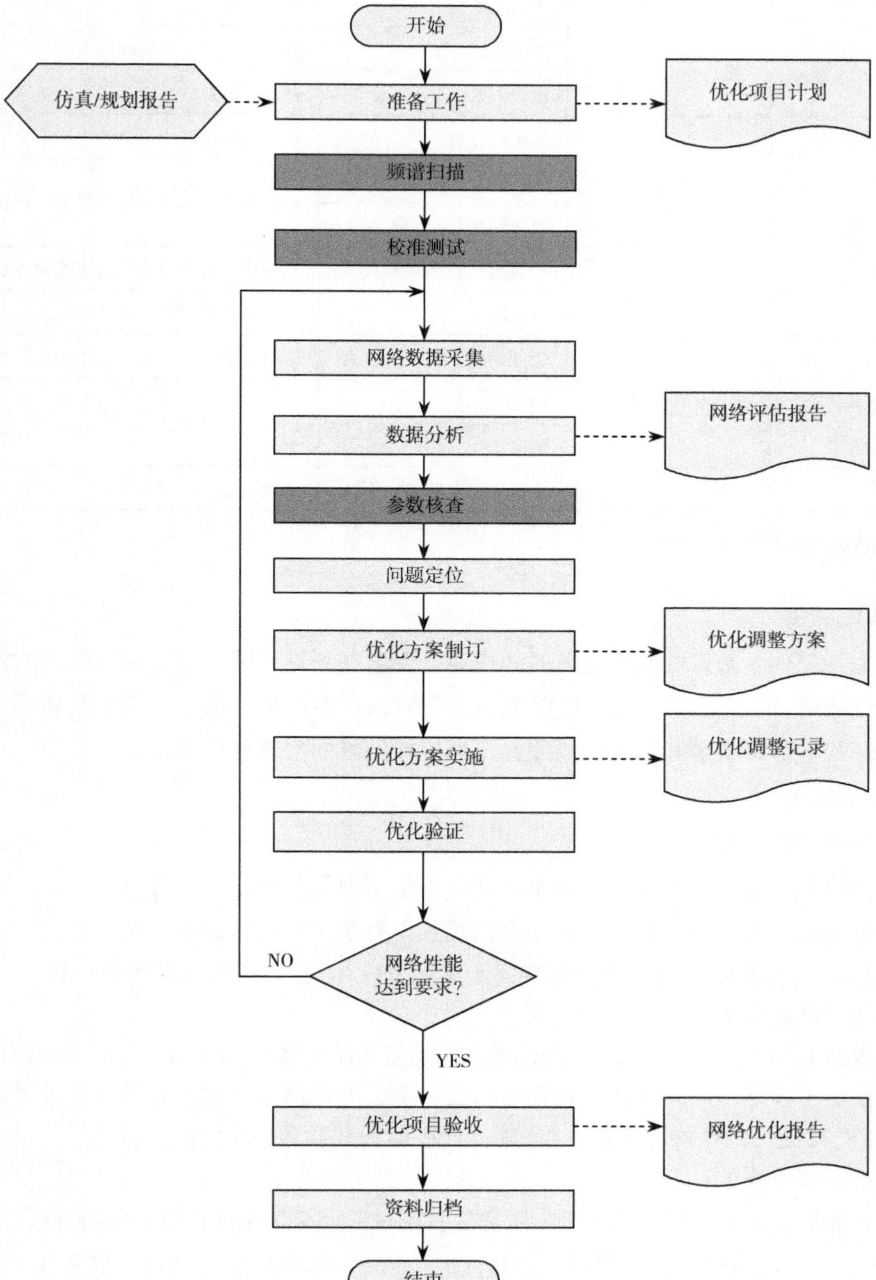

图 3.2 WCDMA 无线网络优化流程图

WCDMA 网络优化中各个优化阶段的主要工作内容如表 3.2 所示。

表 3.2　WCDMA 网络优化中各个优化阶段的主要工作内容

优化阶段	优化对象	优化内容	优化时间
单站优化	单个站点	单站功能检查	与基站开通同步进行
		测试数据分析	基站开通后发现问题后即进行
		优化调整	基站开通后数日内
分簇优化	簇 1～簇 n	簇优化方案	单簇优化前数周提交簇优化方案
		RF 优化	簇内基站基本建设完成时即开始优化
		指标优化	
分区优化	区域 1～区域 n	区域优化方案	区域优化前数周提交区域优化方案
		指标优化	连片簇优化完成后即开始分区优化
不同厂家交界优化	双方交界区域	边界优化方案	在双方交界基站基本建设完成前数周
		RF 优化	在双方交界处站点成片开通后
		指标优化	
全网优化	整网	全网优化方案	区域优化大部完成之后

3.2.1　单站验证和优化

1. 单站优化

在每个 WCDMA 站点安装、上电并开通后，要求在新站开通后当天或当晚及时对新站开通区域进行路面 DT 和必要的室内 CQT 测试，及时纠正数据库错误，如邻小区错误、重要参数错误等，及时解决新增基站硬件故障，保证割接区域的网络安全与稳定。

2. 站点验证

（1）站点配置验证

- 频率检查：通过手机检查待测小区的频点号与规划数据是否一致。
- 扰码检查：通过手机检查待测小区的扰码设置是否和规划数据一致。
- LAC/RAC 检查：通过手机检查待测小区的 LAC/RAC 和规划数据是否一致。

（2）站点覆盖验证

站点附近 CPICH_RSCP/CPICH_EcIo 测试：检查 UE 接收的 CPICH RSCP、CPICH Ec/Io 是否高于或者低于预定门限，确认是否存在功放异常、天馈连接异常、天线安装位置设计不合理、周围环境发生变化导致建筑物阻挡、硬件安装时天线倾角/方向角与规划时不一致等问题。

（3）站点业务验证

- 语音业务主叫和被叫接通测试：通过拨打测试，检查语音业务的主被叫呼叫功能正常。
- VP 业务主叫和被叫接通测试：通过 VP 业务主叫和被叫接通情况，判断 VP 业务的主被叫呼叫功能正常。
- PS 业务接通测试：通过手机上网业务判断 PS 业务的呼叫功能正常。

3. **结果输出**（见表 3.3）

表 3.3　单站集成阶段输出结果

阶段	工作任务和目标	工作子任务	工作内容	输出成果
单站集成	重点在于发现小区参数配置错误、硬件问题、干扰问题；检查工程参数和规划不一致的情况	参数检查	核对参数	《基站单站验证表》
		路测	进行路测验证	《路测数据》 《路测日志》
		路测数据分析、干扰检查	分析路测数据	《单站验证问题反馈表》
		问题解决	解决发现问题	《单站测试汇总表》

3.2.2　RF（分簇）优化

对于像 WCDMA 这样的自干扰系统，为了优化网络性能，需要充分考虑基站间的干扰。于是网络优化就需要同时对若干基站进行优化调整，由此引入基站簇的概念。对于基站簇的划分，应综合考虑网络干扰的需求（越大越好）和建设一个簇中所有基站所需的时间长短（越小越好）的要求。这样，在综合考虑 RNC 划分、基站地理位置、基站建设进度、测试路线选择以及测试耗时估计等具体因素后，每个基站簇由 10～20 个基站（一般情况下 15 个基站左右）组成。基站簇一般是无线网络设计的一个输出结果。

分簇优化应在簇中基站开通 90%以上时才可展开，否则当有很多未开通的基站开通之后，还需重新进行整个簇的优化，造成浪费。

在 WCDMA 建设过程中，由于受到站址选择，基站建设进度等客观因素的影响，建设好一个完整簇，从而达到簇优化的条件可能需要较长时间，这样会影响整个网络优化的速度，此时可以考虑先进行单站优化，为簇优化奠定一定基础。

分簇优化完成后，会针对若干簇构成的区域进行优化测试，一般是多个簇构成一个连续的区域，或者是一个 RNC 所覆盖的区域。对于部分规模较小的城市，可考虑将分簇优化和片区优化组合实施。

当基站簇中 90%以上的基站开通后，即可开始针对该簇进行整体测试和优化工作。簇优化与单站优化注重功能性有所不同，更多的关注于查找簇内覆盖盲区、干扰超标、越区覆盖、切换故障等方面，目的是优化各个小区服务的范围，既提高覆盖，又降低干扰，使该簇中的网络性能达到较好的水平。

RF 优化调整措施除了邻区列表的调整外，主要是工程参数的调整。大部分的覆盖和干扰问题能够调整如下站点工程参数加以解决：天线下倾角、天线方向角、天线高度、天线位置、天线类型、增加塔放、更改站点类型、站点位置、新增站点/RRU。

RF 优化关注的是网络信号分布状况的改善，为随后的业务参数优化提供一个良好的无线信号环境。RF 优化测试以 DT 测试为主，其他测试方法提供补充，以覆盖问题、导频污染问题、切换问题分析为主。其他问题分析为补充，主要是以上问题带来的切换、掉话、接入和干扰问题。RF 优化调整以工程参数调整为主。小区参数调整在优化参数阶段进行。

基站簇优化是一个循环过程，其工作流程如下：

- 确定优化区域和优化目标；

- 确定测试路线；
- 进行全面路测；
- 分析测量数据，形成调整方案并实施；
- 调整结果是否达到预期目标，否则返回；
- 是否所有基站都优化结束，否则返回；
- 进入全网优化阶段。

UMTS 网络优化按照基站簇（Clusters of sites）来优化，在所有基站簇优化完成后可进行全网优化，以解决全网和跨簇的问题。按照基站簇进行优化的好处为，分区域定位解决网络中存在的问题，便于分成工作组同时进行，便于工作进度跟踪，最小化工具的数据处理时间。

基站簇优化前提条件：

- 簇划分完成，并且簇内已开通并通过单站验证 90%以上的基站；
- 完成簇内测试路线的规划；
- 簇内站点的邻区配置已完成；
- 定义优化过程中允许进行的调整手段；
- 簇优化工作开展前需要输入的文档：站点勘查和设计报告、单站验证报告、站点工程参数表、OMCR 配置数据；
- 优化工具准备：测试软件、分析软件、测试手机、HSPA 数据卡、Scanner、笔记本式计算机、电子地图、车载逆变器、GPS、测试车辆等。

基站簇优化的步骤：

- 确定基站簇的大小和位置；
- 确定基站簇的分析项目；
- 覆盖、干扰、切换区大小和位置；邻区列表的评估；接入、切换和呼叫失败的情况；
- 开展测试工作；
- Drive Test: Ec/Io、Pilot Power、UE TX Power、Neighbors、Call Success/Drops and Handover statistics；Service allocation、FER/BLER、Max and Av. BER、Throughput、Delay。

基站簇的测试路线应经过簇内所有开通站点，簇内的交通干道和高速公路应选择，如果簇边界的站点属孤岛站点，这些站点附近的测试路线应选择 Ec>-100 dBm 的路线，测试路线应与相邻簇有重叠区域，测试路线尽量避免经过未开通站点区域，以保证测试路线的连续覆盖，测试路线应标明车辆行驶方向。

3.2.3 全网优化

基站簇优化工作结束后，系统在覆盖区域的大多数地方应工作良好。但在局部区域，尤其是子网络重叠区和局部信号盲区，需要综合考虑各方面的性能指标，对网络进行调整，以达到全网优化的最终目标。

全网优化也是一个循环过程，其工作流程如下：

- 确定优化区域和优化目标；
- 确定测试路线；
- 进行全面路测；
- 分析测量数据，形成调整方案并实施；

- 调整结果是否达到预期目标，否则返回；
- 提交优化报告。

对簇交界及 RNC 边界处进行优化是本阶段的重点，以保证全网的完整性解决簇优化阶段没有定位的问题，或已定位但优化调整可能产生比较大影响的问题；解决发现的新问题；对硬切换边界的优化也要在全网优化阶段完成。通过全网路测分析的手段，评估和优化全网的无线性能，以使网络各项指标满足商用放号前的验收要求（见表 3.4）。

表 3.4 验收要求

验收项	含 义	验收要求（举例）	
		范围	建议值
CPICH RSCP Coverage Rate（可选）	导频覆盖强度	≥-95 dBm	≥98%
CPICH Ec/Io Coverage Rate（可选）	导频覆盖质量	≥-14 dB	≥98%
Voice call setup success rate	语音呼叫建立成功率	Min %	≥98%
Voice call drop rate	语音掉话率	Max %	≤2%
Video call setup success rate	可视电话呼叫建立成功率	Min %	≥98%
Video call setup success rate	可视电话掉话率	Max %	≤2%
PS 128k DL Mean Throughput	PS128k 业务的下行平均流量	Mean	110 kbit/s
HSDPA Mean Throughput	HSDPA 业务的平均流量	≥1 Mbit/s	≥90%

由于工程验收阶段基本没有在网用户，验收时一般选择若干条验收测试路线进行路测，根据路测指标判断网络是否可以通过验收；全网验收测试在本小区和邻小区下行加载 50%的条件下进行。

3.3 WCDMA 网络测试方法

3.3.1 DT 测试

1. DT 概述

DT（Driving Test）测试是使用测试设备沿指定的路线移动，进行不同类型的呼叫，记录测试数据，统计网络测试指标。本规范中定义的 DT 测试除包括传统意义上的利用车辆，沿着道路进行的测试外，还包括利用支持室内路线测试的设备，步行进行的室内覆盖测试。

在新基站割接入网、阶段性优化效果评测、网络优化结束后结果验证等阶段均需要通过 DT 测试手段对相关指标进行评估。

2. DT 测试的基本要求

1）测试设备要求

（1）硬件要求

DT 测试设备一台或两台，支持 WCDMA 标准。要求测试设备能够与路测软件正常连接适配，顺利运行路测软件，按照要求采集 WCDMA 系统消息。测试设备禁止安装与测试无关的其他软件。

MOS 语音测试评估设备：能够对语音质量进行 MOS 评估。

测试手机：分公司根据各自的实际情况选取足够数量的、测试性能良好的手机进行路测。在同一城市测试时必须使用同一型号手机。

测试卡必须使用当地联通 WCDMA 签约用户卡。

（2）软件要求

要求测试软件能够支持 WCDMA 网络测试标准。要求选用的测试软件必须是与测试工具相配套的主流版本。

2）测试路线要求

每城市测试路线范围必须包括：市中心密集区、城区主要干道、主要居民区、市区重要场所等城市中的重要的地区、道路，不包括郊区公路、铁路、高速公路和旅游景点。测试时尽量覆盖整个市区，如果城市较小所选道路不能满足测试数量要求时，测试路线可重复进行。

测试时应按预先指定路线行驶，在市区繁华地段保持在 30 km/h 左右；在一般市区保持 40 km/h 左右，环线不超过 60 km/h。

3）测试方法

测试手机置于车内，主、被叫手机均与测试仪表相连，同时连接 GPS 接收机进行测试。

要求主被叫测试手机连接支持 ITU-T P.862 标准和 PESQ 算法的专用 MOS 测试设备。

主被叫手机在测试过程中固定，即一个手机始终做主叫，另一个始终做被叫。手机拨叫、接听、挂机都采用自动方式。每次呼叫建立时长为 60 s，通话保持时长为 60 s，呼叫间隔 15 s；如出现未接通或掉话，应间隔 15 s 进行下一次试呼。

4）测试结果输出

要求对通过 DT 测试得到的所有测试项目能够以文字、图表等方式进行输出，并且提供详细的说明与评估报告。测试报告内容至少包括：

- 测试概况：测试时间、测试人员、测试工具、测试卡号码等基本信息。其中测试工具中包括所有测试模块的型号、参数、功能、规格等详细的技术信息。
- 测试报告撰写人及联系方式。
- DT 测试结果统计表。
- 对测试中发现的主要问题如网络无覆盖、未接通、掉话、话音质量差等问题提出分析和建议。

3. WCDMA 网络优化 DT 测试类型

针对 WCDMA 无线网络优化的 DT 测试包括以下几种典型测试：

1）WCDMA 单系统验证测试

要求将测试终端锁定在 WCDMA 频段，不进行异系统间的切换。该类测试旨在查找 3G 网络内部问题，了解和掌握 WCDMA 网络信号的覆盖质量、干扰情况以及 3G 接入网与核心网的业务性能。重点关注无线环境、接入性能、保持性能、HSPA 性能等指标。

2）WCDMA/GSM 系统间互操作测试

测试终端不进行锁定，可以在异系统间进行小区重选及切换。该类测试旨在模拟实际用户感受，验证与优化系统间小区重选、异系统切换及其他 2G/3G 互操作等内容。重点关注系统间互操作成功率、系统间切换时延等指标。

3）多系统比较测试

该类测试主要是用于了解 WCDMA 网络在网络覆盖、业务性能、服务质量等方面，与其他运营商同类网络、同类业务之间的性能差异。需要在相同条件下进行多网的对比测试。

4. WCDMA **单系统** DT **测试**

测试目的：测试旨在查找 3G 网络内部问题，了解和掌握 WCDMA 网络信号的覆盖质量、干扰情况，以及 3G 接入网与核心网的业务性能。重点关注无线环境、接入性能、保持性能、HSPA 性能等指标。

测试方法：为排除外系统原因造成的评估误差，这里说的所有话音测试主被叫，均采用同制式、同类型的终端。数据业务测试可以采用数据卡或者手机作为 MODEM 的方式进行。

1）话音及 VP 测试

（1）测试时间

为能充分了解网络的实际性能，模拟用户感受，DT 测试应尽量安排在工作日（周一至周五）9:00—12:00、14:00—19:00 内进行。测试时间内测试应连续进行，新疆和西藏的测试时间由于时差延后 2 个小时。

（2）测试范围

单系统验证测试路线的选择应在 WCDMA 信号覆盖区域内，根据优化工作的需要，选择重点优化区域内测试车辆可通行路段，按照基站分布规划车辆行驶路线。测试路线应尽量保证能够包括测试区域内各基站的覆盖区域、小区间的切换区域。

（3）测试速度

由于测试安排在工作日的工作时间内进行，车速可根据实际道路情况灵活掌握。但为充分发现问题，应尽量保障各路段呼叫采样点数量的均匀分布，因此测试速度不宜过快，城区道路尽量控制在 60 km/h 左右。

（4）测试时长

每次通话时长 90 s，接入超时为 15 s，呼叫间隔 15 s；如出现未接通或掉话，应间隔 15 s 进行下一次试呼。

（5）MOS 值测试要求

MOS 语音样本使用国际电联提供的 8S 标准语音样本，单声道的外文男声文件，位速 128 kbit/s，音频采样大小为 16 位，音频采样级别 8 kHz，音频格式为无压缩 PCM 格式。指定样本文件为。

在 MOS 测试中，被叫测试卡应取消炫铃。

2）HSPA 测试

（1）测试时间

为能充分了解网络的实际性能，模拟用户感受，DT 测试应尽量安排在工作日（周一至周五）9:00—12:00、14:00—19:00 内进行。测试时间内测试应连续进行，新疆和西藏的测试时间由于时差延后 2 个小时。

（2）测试范围

单系统验证测试路线的选择应在 WCDMA 信号覆盖区域内，根据优化工作的需要，选择重点优化区域内测试车辆可通行路段，按照基站分布规划车辆行驶路线。测试路线应尽量保证能够包括测试区域内各基站的覆盖区域、小区间的切换区域。

（3）测试速度

由于测试安排在工作日的工作时间内进行，车速可根据实际道路情况灵活掌握。但为充分发现问题，应尽量保障各路段呼叫采样点数量的均匀分布，因此测试速度不宜过快，城区道路尽量控制在 60 km/h 左右。

（4）数据文件要求

对 HSDPA 业务的测试，通常采用 FTP 方式从指定服务器下载文件的方法进行。为兼顾到对 HSDPA 的建立成功率、掉线率、平均吞吐率等指标同时进行测试，可以采用 5～10 MB 的压缩文件作为测试用的下载文件。如重点在于对 HSDPA 峰值速率及平均吞吐率指标的测量，下载文件可以采用更大的文件压缩包。

对 HSUPA 业务的测试，通常采用 FTP 方式向指定服务器上传文件的方法进行。为兼顾到对 HSUPA 的建立成功率、掉线率、平均吞吐率等指标同时进行测试，可以采用 2～5 MB 的压缩文件作为测试用的上传文件。如重点在于对 HSUPA 峰值速率及平均吞吐率指标的测量，上传文件可以采用更大的文件压缩包。

（5）导频污染与邻区漏配排查

WCDMA 开网初期会存在大量的导频污染与邻区漏配的情况，因此在 DT 测试过程中，可以增加 Scanner 配合终端一起，进行导频覆盖强度的扫描，有助于导频污染与邻区漏配的排查。

3.3.2 CQT 测试

1. CQT 概述

CQT（Call Quality Test）测试是在特定的地点使用测试设备进行一定规模的拨打测试，记录测试数据，统计网络测试指标。

2. CQT 测试的目的

CQT 测试可以有针对性地对指定的室内区域进行测试外，还可以用来查找室内覆盖的盲点，了解无室内分布系统的重点室内区域的无线环境质量。与 GSM 网络 CQT 测试相比，WCDMA 网络的 CQT 测试除了需要了解室内环境下的话音服务质量外，另一个重要目的是掌握室内环境下数据业务的服务质量。

3. CQT 测试的基本要求

1）功能验证类 CQT 测试

（1）测试要求

功能验证类 CQT 测试主要采用在指定地点通过直接呼叫测试，来验证网络的呼叫建立功能是否正常，呼叫质量是否符合要求。主要应用于测试新开通的基站、微蜂窝、室内分布系统等设备的工作状态，确保用户能够正常使用以及工程验收阶段对网络通信质量进行考核。

（2）测试位置

室外：对于新开通的宏基站，需要分别在每个扇区覆盖范围内进行拨打测试。

楼层：对于新开通的微蜂窝及室内分布系统，需要在所有楼层内的天线点下进行拨打测试。

电梯：保持通话状态进出电梯测试、电梯内拨打测试。

地下停车场：所有天线点下必须进行拨打测试。

以上位置，若设计方案中明确未设计覆盖的区域则不做要求。

（3）测试方法

对新开通宏基站的CQT，需在每个扇区覆盖范围内连续拨打测试至少20次。

在大厦内各楼层、各区域内进行通话测试，测试人员从用户的角度感受网络质量。按照用户感受的情况进行记录，例如：接通时间是否小于10 s，话音是否清晰、通话是否没有断续、是否没有掉话、是否没有单通现象。

测试人员采用每两人一组，分别使用同网手机进行对拨测试，每个测试点主被叫通话至少各1次；每次通话时长不少于30 s；呼叫间隔大于10 s；通话测试过程中，主叫人员数“1，2，3，…，10”，被叫人员感受通话质量情况，如实填写测试表格。CQT测试包括电梯进、出测试各一次，测试位置须包括楼层边缘、走道等位置。

如果在大厦中测试发现用户感受部分出现异常，测试人员应在发现异常附近多测试几次，分析原因，如果现场问题无法解决，请详细填写现场的网络指标以及用户感受情况，如果大厦内大面积出现掉话现象、无法拨打或者上线时间过长等现象，要求把现场测试情况汇报相关负责人。

每次CQT完成通话感受测试后，根据测试表格要求，如实填写网络指标。

2）优化类CQT测试

（1）测试要求

优化类CQT测试采用在指定区域内建立呼叫之后，按照实现规划的线路进行移动，通过相应的测试工具记录测试信令及信号变化情况，主要用于测试楼宇及其他建筑内的网络覆盖变化情况和通话质量。

（2）测试位置

楼层：所有楼层至少要在高、中、低层进行测试，其中顶层、底层、地下室必须进行测试，高于15层的建筑，每隔5层做一次测试。

电梯：电梯进、出通话，电梯内通话。

地下停车场：必须进行CQT测试。

以上位置，若设计方案中明确未设计覆盖的区域则不做要求。

（3）测试方法

在楼宇内各层、各区域内进行通话测试，测试人员从用户的角度感受网络质量。按照用户感受的情况进行记录，例如：接通时间是否小于10 s，话音是否清晰、通话是否没有断续、是否没有掉话、是否没有单通现象。

测试人员采用每两人一组，分别使用同网手机进行对拨测试；每个测试楼层选择不少于五个测试点；每个测试点主被叫通话至少各1次；每次通话时长不少于30 s；呼叫间隔大于10 s；通话测试过程中，主叫人员数“1，2，3，…，10”，被叫人员感受通话质量情况，如实填写测试表格。CQT测试包括电梯进、出测试各一次，测试位置须包括楼层边缘、走道等位置。

如果在大厦中测试发现用户感受部分出现异常，测试人员应在发现异常附近多测试几次，分析原因，如果现场问题无法解决，请详细填写现场的网络指标以及用户感受情况，如果大厦内大面积出现掉话现象、无法拨打或者上线时间过长等现象，要求把现场测试情况汇报相关负责人。

对于有室内分布系统的楼宇，需对室内外信号进行切换测试并记录切换前后的信息。每次 CQT 完成通话感受测试后，根据测试表格要求，如实填写网络指标。对比测试时，前后两次 CQT 测试所选择的楼宇及测试位置必须相同。

3.3.3 WCDMA 网络测试指标

1. WCDMA 基本测试指标

1）RSCP 测试指标

RSCPC（Received Signal Code Power，接收信号码功率）是信号解扩及合并后的平均接收功率，一般指该信道的有用信号的接收功率。

在 WCDMA 网络测量中，一般就是指 CPICH 信道的接收码功率。是衡量手机接收到的小区导频信道上有用功率水平的参数。此数值越高，表示接收到的手机信号越好。但网络是否可以提供良好接入，还需要结合 Ec/Io 来看。

（1）RSCP≥-90 dBm 的采样点比例

定义：RSCP≥-90 dBm 的采样点数/采样点总数×100%。

（2）RSCP≥-85 dBm 的采样点比例

定义：RSCP≥-85 dBm 的采样点数/采样点总数×100%。

（3）RSCP≥-80 dBm 的采样点比例

定义：RSCP≥-80 dBm 的采样点数/采样点总数×100%。

说明：采样点数取主、被叫手机的采样样本点数之和。

2）Ec/Io 测试指标

手机侧接收到每码片的功率/总的接收功率（包括信号和干扰），Ec/Io=RSCP/RSSI。其中，RSSI（Received Signal Strength Indicator，接收总功率）包括信号和干扰的总功率。

在 WCDMA 网络测量中，一般是指 CPICH 信道的有用信号与全部接收信号的比值。是衡量手机接收到的小区导频信道的干扰水平的重要参数。此数值越低，则网络干扰越严重，直接影响网络的接入允许和数据传输质量。

（1）Ec/Io≥-14 dB 的采样点比例

定义：Ec/Io≥-14 dB 的采样点数/采样点总数×100%。

（2）Ec/Io≥-12 dB 的采样点比例

定义：Ec/Io≥-12 dB 的采样点数/采样点总数×100%。

（3）Ec/Io≥-10 dB 的采样点比例

定义：Ec/Io≥-10 dB 的采样点数/采样点总数×100%。

说明：采样点数取主、被叫手机的采样样本点数之和。

3）Tx Power 测试指标

手机平均发射功率，是衡量网络上行链路质量的重要参数。此数值越高，则网络上行链路质量越差，上行总干扰水平越高。

Tx_Power<0 dB 的采样点比例

定义：Tx_Power<0 dB 的采样点数/采样点总数×100%。

说明：采样点数取主、被叫手机的采样样本点数之和。

4）覆盖率

（1）-90 dBm 覆盖率

定义：覆盖率＝(RSCP≥-90 dBm & Ec/Io≥-12 dB)的采样点数/采样点总数×100%。

说明：采样点数取主、被叫手机的采样样本点数之和。

（2）-85 dBm 覆盖率

定义：覆盖率＝(RSCP≥-85 dBm & Ec/Io≥-10 dB)的采样点数/采样点总数×100%。

说明：采样点数取主、被叫手机的采样样本点数之和。

5）话音业务 BLER

传输误块率，衡量网络下行数据传输的质量。不同的业务对 BLER 的最低要求不一样。

（1）下行 BLER

下行误块率，取设备的统计值。

（2）下行 BLER≤3%的比例

下行 BLER≤3%的采样点占所有采样点的比例。

6）话音质量 MOS

（1）MOS 总平均值

定义：∑各 MOS 采样点数值/采样点总数。

（2）MOS 值区间分布比例

定义：（语音 QOS 分为 5 级，5 级最好）位于各个 MOS 值取值区间的采样点数/采样点总数×100%

MOS 值区间：0≤MOS<3；3≤MOS<3.3；3.3≤MOS<3.7；3.7≤MOS。

说明：采样点数取主、被叫手机的采样样本点数之和。

2. DT 测试性能指标

1）接入性能类指标

（1）话音接通率

定义：话音接通率＝接通总次数/试呼总次数×100%。

说明：

① 试呼总次数：发起拨打命令后，以 UE 发送 rrcConnectionRequest 信令，其原因码为 OriginatingCoversationalCall 为一次试呼，rrcConnectionRequest 重发多次只计算一次。

② 接通次数：当一次试呼开始后，以收到 Connect 或 Connect ACK 算为一次接通。

③ 接通率只取主叫手机的测试统计结果。

（2）RRC 连接建立成功率

定义：RRC 连接建立成功率＝RRC 连接建立成功次数/RRC 连接建立尝试次数×100%。

说明：

① RRC 连接建立尝试次数：UE 发送 RRC Connection Request 信令。

② RRC 连接建立成功次数：UE 发送连接请求之后，发送 RRC Connection Setup Complete 信令。

（3）RAB 建立成功率

定义：RAB 建立成功率=RAB 建立成功次数/RAB 建立尝试次数×100%。

说明：

① RAB 建立尝试判决：UE 收到网络侧下发的 Radio Bearer Setup 信令。

② RAB 连接建立成功判决：UE 发送 Radio Bearer Setup Complete 信令。

（4）平均呼叫接续时延

定义：平均呼叫接续时延=(呼叫接续时延总和/接通总次数)。

说明：

① 呼叫接续时延：主叫手机发出第一条 rrcConnectionRequest 到 Alerting 的时间差。

② 取所有测试样本中除了呼叫失败情况外的平均时长。

2）业务保持性能类指标

（1）掉话率

定义：掉话率=掉话总次数/接通总次数×100%。

说明：

① 接通次数：同 WCDMA 接通率定义中的接通次数。

② 掉话次数：在一次通话中，接通之后手机发送 Disconnect 信令或收到网络下发 Release 信令视为通话正常结束，在手机没主发 Disconnect 信令或收到网络下发 Release 信令情况下，手机直接回到 Idle 状态并一直保持，则视为一次掉话。

③ 在一次通话过程中主叫或者被叫掉话，只计为一次掉话。

④ 判断接通和掉话的关键信令在被叫的呼叫流程中同样出现，因此主被叫的掉话判断依据要一致。

（2）切换成功率

定义：全网切换成功率=切换成功次数/切换请求次数。

说明：

① 切换成功率包括软切换次数和硬切换统计结果；

② 切换成功次数=软切换成功次数+硬切换成功次数。

③ 切换请求次数=软切换请求次数+硬切换请求次数。

④ 软切换判决：手机收到网络侧下发的 Active Set Update 的次数为软切换请求次数，手机上发 Active Set Update Complete 的次数为软切换成功次数。

⑤ 硬切换判决：手机收到网络侧下发的 Physical Channel Reconfiguration 的次数为硬切换请求次数，手机上发 Physical Channel Reconfiguration Complete 的次数为硬切换成功次数。

3）HSPA 性能类指标

（1）分组业务建立成功率

定义：分组业务建立成功率=PPP 连接建立成功次数（分组）/ 拨号尝试次数（分组）×100%。

说明：

① PPP 连接建立成功次数（分组）：发起拨号连接尝试之后，收到拨号连接成功消息认为 PPP 连接建立成功。

② 拨号尝试次数：终端发出拨号指令次数。

③ 取上传、下载业务的综合统计结果。

（2）平均分组业务建立时延

定义：平均分组业务呼叫建立时延=分组业务呼叫建立时延总和/分组业务接通总次数。

说明：

① 呼叫建立时延：终端发出第一条拨号指令到接收到拨号连接成功消息的时间差。

② 接通次数：PPP 连接建立成功次数（分组）。

③ 取所有测试样本中除了连接失败情况外的平均时长。

④ 取上传、下载业务的综合统计结果。

（3）FTP 下载掉线率

定义：FTP 下载掉线率＝异常掉线总次数/业务建立总次数×100%。

说明：

① 掉线率用于评估下载业务的保持性能。

② 满足以下条件之一均认为异常掉线次数：

- 网络原因造成拨号连接异常断开，判断依据为在测试终端正常释放拨号连接前的任何中断；
- 测试过程中超过 3 min FTP 没有任何数据传输，且一直尝试 GET 后数据链路仍不可使用。

此时需断开拨号连接并重新拨号来恢复测试。

③ 业务建立总次数：登录 FTP 服务器成功，并获取文件大小信息的总次数；FTP 登录失败的次数不计入业务建立总次数。

（4）FTP 下行吞吐率

定义：FTP 下行吞吐率＝FTP 下载应用层总数据量/总下载时间。

说明：FTP 掉线时的数据不计入速率统计指标。

（5）HSDPA 占用比例

定义：HSDPA 占用比例＝实际分配 HSDPA 资源进行下载的总时长/总下载时长×100%。

说明：

① 实际分配 HSDPA 资源判断：网络状态 Session 指示为 HSDPA 服务时的下载总时长。

② 总下载时长：FTP 下载过程的总时长。

（6）FTP 上传掉线率

定义：FTP 上传掉线率＝异常掉线总次数/业务建立总次数×100%。

说明：

① 掉线率用于评估上传业务的保持性能。

② 满足以下条件之一均认为异常掉线次数：

- 网络原因造成拨号连接异常断开，判断依据为在测试终端正常释放拨号连接前的任何中断；
- 测试过程中超过 3 min FTP 没有任何数据传输，且一直尝试 PUT 后数据链路仍不可使用。

此时需断开拨号连接并重新拨号来恢复测试。

③ 业务建立总次数：登录 FTP 服务器成功，并获取文件大小信息的总次数；FTP 登录失败的次数不计入业务建立总次数。

（7）FTP 上行吞吐率

定义：FTP 上行吞吐率＝FTP 上传应用层总数据量/总上传时间。

说明：FTP 掉线时的数据不计入速率统计指标。

3．CQT 测试性能指标

WCDMA 系统的 CQT 测试除了需要进行话音呼叫质量的城市外，还要进行数据业务的测试。

1）语音业务测试指标

（1）城市覆盖率

定义：城市覆盖率＝实际测试点数/总测试点数×100%。

说明：

① 实际测试点数=满足覆盖的测试点数；满足覆盖可以根据对室内覆盖质量的要求，综合考虑 RSCP 与 Ec/No，对于无线环境不能满足业务建立需要的测试点，认为是无覆盖区域。

② 总测试点数=实际测试点数+不满足覆盖的测试点数。

③ 覆盖率取主叫手机的统计结果。

④ 此指标以手工记录。

（2）CQT 接通率

定义：CQT 接通率=接通总次数/呼叫尝试次数×100%。

说明：

① 以手工记录为准。

② 接通总次数与呼叫尝试次数均取主叫手机的统计结果。

（3）CQT 掉话率

定义：CQT 掉话率=CQT 掉话总次数/接通总次数×100%。

说明：

① 以手工记录为准。

② 接通总次数与掉话次数均取主叫手机的统计结果，无论掉话是由于主叫还是被叫原因引起的均记为掉话次数。

（4）CQT 通话正常率

定义：CQT 通话正常率＝［所有呼叫尝试次数-（未接通、掉话、单方通话、串话、回声、背景噪声、断续次数）］/所有呼叫尝试总次数×100%。

说明：以手工记录为准。

取主叫手机的统计结果，未接通及通话过程中出现的掉话、单方通话、串话、回声、背景噪声、断续由主叫记录且只记录一次。

2）数据业务测试指标

（1）数据业务建立成功率

同 DT 指标。

（2）数据业务掉线率

同 DT 指标。

（3）平均 PING 时延

针对指定地址的 PING 包往返时延。

3.3.4 WCDMA 网络优化报告规范

WCDMA 网络优化报告中需要包含的内容：

1. **概述**

2. **基本情况**

可加入网络拓扑图和簇基站位置图

3. **优化区域基本情况**

4. **参与人员**

5. **簇优化成果**

（结合路测及问题的整改情况进行分析，每类指标尽可能抓图进行分析，并留存测试数据。）

6. **主要性能指标走势**

• 覆盖分析（CPICH RSCP&Ec/Io），见表 3.5。

表 3.5 覆盖分析

类别	指标	业务	目标值	优化前测试值	优化后测试值	是否满足要求	存在的问题和解决建议
覆盖类	CPICH RSCP	空闲状态	≥95%				
	CPICH Ec/Io		≥95%				
	导频污染		≤5%				

（根据指标变化情况介绍主要工作。）

• 接入分析，见表 3.6。

表 3.6 接入分析

类别	指标	业务	目标值	优化前测试值	优化后测试值	是否满足要求	存在的问题和解决建议
接入类	语音主叫接通率	AMR12.2K	≥98%				
	VP 主叫接通率	VP	≥97%				
	PDP 激活成功率	R99 PS	≥98%				
		HSDPA	≥98%				
		HSUPA	≥98%				

（根据指标变化情况介绍主要工作。）

• 保持分析，见表 3.7。

表 3.7 保持分析

类别	指标	业务	目标值	优化前测试值	优化后测试值	是否满足要求	存在的问题和解决建议
保持类	掉话率	AMR12.2k	≤2%				
		VP	≤2%				

续表

类别	指标	业务	目标值	优化前测试值	优化后测试值	是否满足要求	存在的问题和解决建议
保持类	掉线率	R99 PS	≤1%				
		HSDPA	≤1%				
		HSUPA	≤1%				

（根据指标变化情况介绍主要工作。）

- 移动性分析，见表 3.8。

表 3.8 移动性分析

类别	指标	业务	目标值	优化前测试值	优化后测试值	是否满足要求	存在的问题和解决建议
移动性	软切换成功率	AMR12.2K	≥99%				
	HSDPA 软切换服务小区变更成功率	HSDPA	≥99%				
	HSUPA 软切换服务小区变更成功率	HSUPA	≥99%				

（根据指标变化情况介绍主要工作。）

- 时延类分析，见表 3.9。

表 3.9 时延类分析

类别	指标	业务	目标值	优化前测试值	优化后测试值	是否满足要求	存在的问题和解决建议
时延	接续时延	语音业务接续时延	6 s				
		VP 业务接续时延	6.5 s				
		PS 业务接续时延	3 s				

（根据指标变化情况介绍主要工作。）

- 吞吐率，见表 3.10。

表 3.10　吞吐率

类别	指标	业务	目标值	优化前测试值	优化后测试值	是否满足要求	存在的问题和解决建议
吞吐率	PS 128k DLZ Mean Throughput	PS128	≥110 kbit/s				
	HSDPA Mean Throughput	HSDPA	≥90%				

（根据指标变化情况介绍主要工作。）

7. CQT 测试情况

对每个簇下的区域选择用户密集的场所，有选择地进行以上各类业务的测试，罗列拨打测试的地点，并对存在的问题进行整改并提出整改意见。

8. 典型优化案例

9. 遗留问题和建议

- 遗留问题
- 建议

3.4　WCDMA 无线网络测试工具

3.4.1　鼎利路测分析软件

Pilot Pioneer 是一个行业领先的无线网络测试和分析系统，用于无线网络的故障处理、验证、优化和维护，支持 CA、LTE、WCDMA、TD-SCDMA、GSM、CDMA、EVDO 等多制式、多频段及多业务并行测试，提供了高度可配置的数据后处理方案，通过它，工程师可以轻松评估无线网络性能，迅速定位网络问题，是无线网络生命周期各个阶段的理想测试工具。

Pilot Pioneer 是集成了多个网络进行同步测试的新一代无线网络测试及分析软件，结合长期无线网络优化的经验和最新的研究成果，基于 PC 和 Windows 7/8/10 的网络优化评估，具备完善的 GSM、CDMA、EVDO、WCDMA、TD-SCDMA、LTE 网络测试以及 Scanner 测试功能。Pilot Pioneer 具备 LTE-CA/TDD-LTE/FDD-LTE/TD-SCDMA/WCDMA/HSPA+/DC/CDMA/EVDO/GSM 全网络专业测试能力。无线参数、网络事件、业务事件、L3 信令详情等专业无线信息。2G/3G/4G 语音/MOS 自动循环测试、异地互拨测试。内置鼎利的脉冲可用带宽测量（PBM）专利技术。带宽测量精度高，与 FTP 业务结果一致。上网流量低，测试成本仅为 FTP 业务十分之一，鼎利路测软件的介绍这部分，重新做了删减与修改，并按照原厂给的鼎利软件的产品手册做了修改与添加，以求更加准确。对商用网络保持最低侵扰度，不影响普通用户使用体验一。通过技术手段使商用终端具有专用测试终端的能力，减少用户在专业测试终端方面的投资，内置于商用终端，遵循用户感知测试原则。提供微信等智能 APP 测试方案；实现业务流程控制和 MOS 语音质量评估，适应于所有商用测试手机，获取用户最真实感知；结合 Manual MOS 业务，支持微信、易信、QQ 等主流 APP 的实时 MOS 算分方案；FTP、Multi-FTP、Ping、Attach 等网络基础性能测试；HTTP、E-mail 等应用感知测试；优酷、爱奇艺、Youtube、Facebook、凤凰、腾讯、央视、土豆、哔哩哔哩、搜狐、斗鱼 TV、第一视频新闻网、PPS、乐视、爆米花、56 视频、PPTV、迅雷看看等视频质量测试；采集 TCP/IP 协议数据，辅助分析数据应用相关问题。

1. 安装测试软件

运行 PioneerSetup.exe，按照提示安装 Pilot Pioneer 软件，如图 3.3 所示。

2. 运行软件

运行软件需要插入加密狗，确认加密狗以及相关权限信息。

插入加密狗确认计算机获得运行软件的权限，运行软件。若未获得权限，软件只支持查看线图、地图、信令窗口以及数据回放等简单功能，其余功能不支持。

3. 配置设备

软件测试需要配置对应的网络测试设备，如手机终端、扫频仪和 GPS 等。

4. 安装设备驱动

安装测试中所需的设备驱动。驱动安装成功插入设备后，在系统设备管理器上可以看到未知设备变成终端对应的端口。

5. 自动检测配置

对于常用的测试设备支持自动检测功能，软件自动识别设备信息。计算机上插入外接设备后，切换到导航栏的测试配置界面，在设备管理按钮上会显示新发现的未配置终端数，如图 3.4 中所示，此时可以单击左边的“自动检测”按钮（也可以按【F5】键）实现设备的自动检测配置。

图 3.3　软件安装

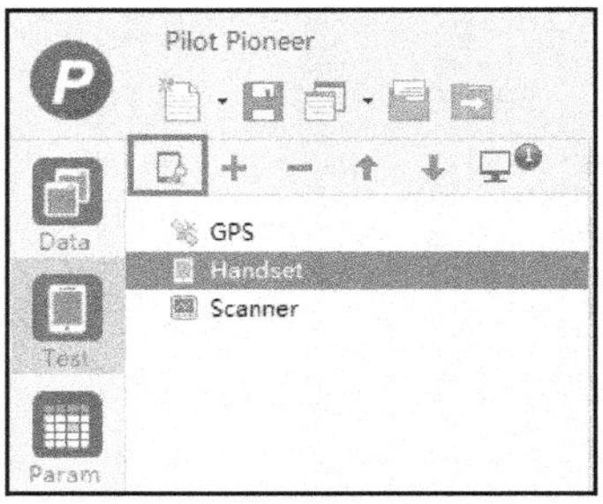

图 3.4　自动检测配置

6. 手动配置

计算机上插入外接设备后，用户按照手动配置流程完成设备的名称、端口号等信息的配置。手动配置窗口的方法如下：

① 单击导航栏“测试”按钮切换到测试配置界面。

② 鼠标定位到需要配置的终端对应的分类 GPS/Handset/Scanner，单击导航栏上方的 + 号；或者直接双击导航栏中的 GPS/Handset/Scanner 结点。

③ 弹出设备配置窗口 Manual Configuration，进行手工配置，如图 3.5 所示。

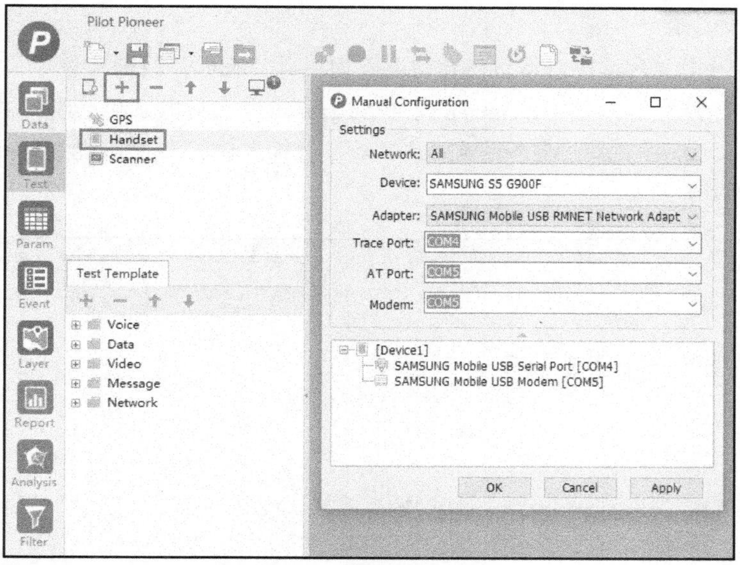

图 3.5　手动配置界面

7. **配置测试业务**

Pilot Pioneer 支持调用不同的测试模板制订不同的测试计划，测试计划中含有所有能执行的测试业务。在 Test 的导航栏内 Handset 下自带一套 Test Template 测试模版，支持对各测试业务模版进行编辑。

备注：Scanner 没有 Template 测试模板。

8. **测试计划**

添加 Handset 设备后，选中该设备选择测试模板，双击编辑该模板生成测试计划；添加 Scanner 设备后，直接生成该设备对应的测试计划，如图 3.6 所示。

注：若删除设备，其对应的测试计划也会被删除。

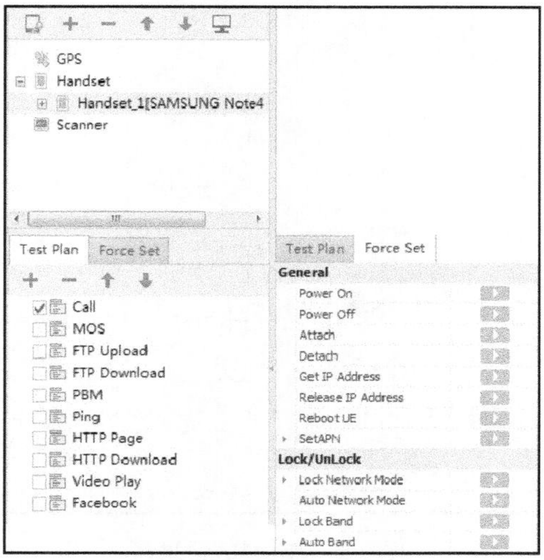

图 3.6　测试计划的生成

9. 导入网络工参

在导航栏中单击 Layer 按钮切换到图层管理栏目，有如下两种工参导入方式：

方法 1：在导航栏 Layer Management 下找到 Site 结点，右击该结点或所属的网络结点，选择 Site Database Management 命令，弹出基站数据管理窗口，单击 Import 按钮导入需要的基站数据，如图 3.7 所示。

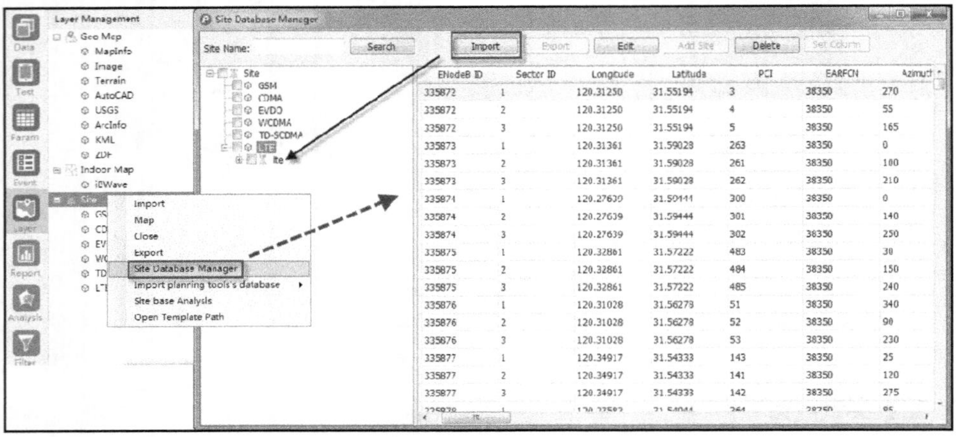

图 3.7　导入网络工参界面

方法 2：在导航栏 Layer Management 下找到 Site 结点，右击该结点或对应的网络结点，选择 Import 命令，选择需要的基站数据。

导入工参之后，可按如下方法在 Map 窗口中使用：

方法 1：直接将 Site 结点下导入的工参拖入已打开的 Map 窗口中。

方法 2：右击导入的工参，选择“Map”命令，自动打开 Map 窗口并加载基站数据，如图 3.8 所示。

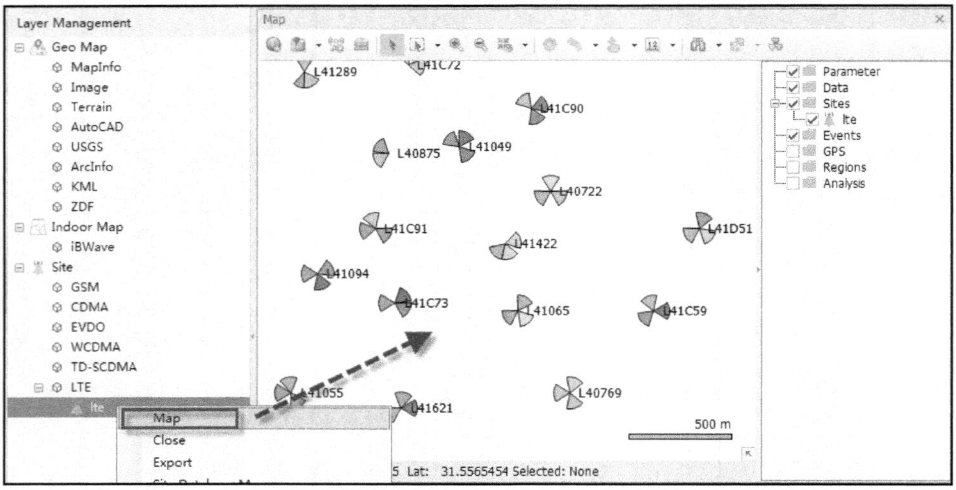

图 3.8　加载基站数据

10. **开始测试&数据采集**

测试任务开始即会同步进行数据采集，数据采集即采集无线和测试设备信息，采集方式有实时测试模式和记录测试模式。

11. **实时测试模式**

单击连接设备后进入实时测试模式，该模式能实时显示当前测试信息，满足用户在没有保存数据的情况下查看测试信息的需求。

连接进入实时测试模式的方法：单击工具栏中的 Connect 按钮，快捷键为【F6】。

12. **记录测试模式**

记录测试模式是对终端的输入信息进行解码等处理并输出文件保存在指定目录下。

进入记录测试模式的方法：单击工具栏中的 Connect 按钮连接设备后，再单击 Start Recording 按钮●，快捷键为【F7】。

开始测试：如图 3.9 所示，单击 Device Control 窗口中图标或者单击 Start All 按钮进行业务测试。

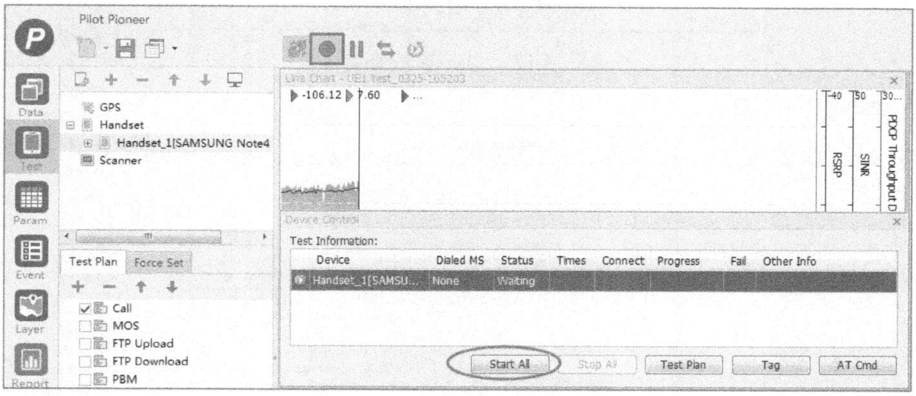

图 3.9　开始测试界面

13. **导入数据**

方法 1：把软件支持的测试数据直接拖动到软件界面或者 Data List 区域。

方法 2：在 Data List 工具栏中单击 + 按钮添加数据，如图 3.10 所示。

方法 3：选择软件右上角菜单 Menu→Import Logfile 命令或按【Crtl+O】组合键选取需要导入的数据，如图 3.11 所示。

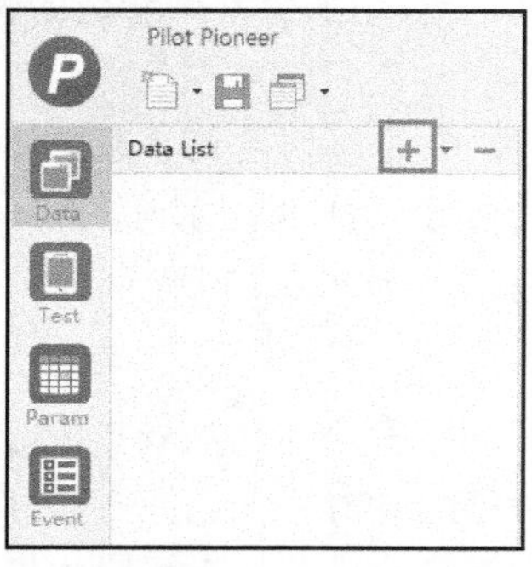

图 3.10　导入数据界面一

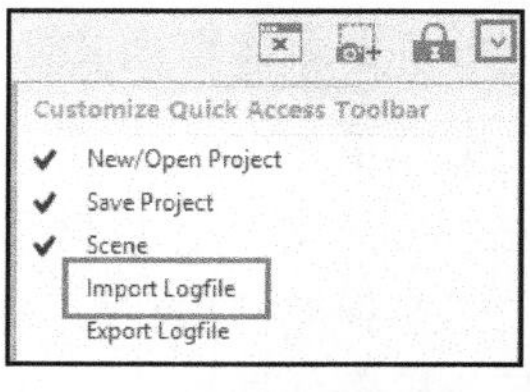

图 3.11　导入数据界面二

14. **事件窗口查看**

方法 1：导入数据后，在 Data List 中直接双击数据就会自动打开事件窗口，如未解码则会先解码。

方法 2：导入数据后，选中需要查看的数据，双击 Event List 即可，如未解码则会先解码，如图 3.12 所示。

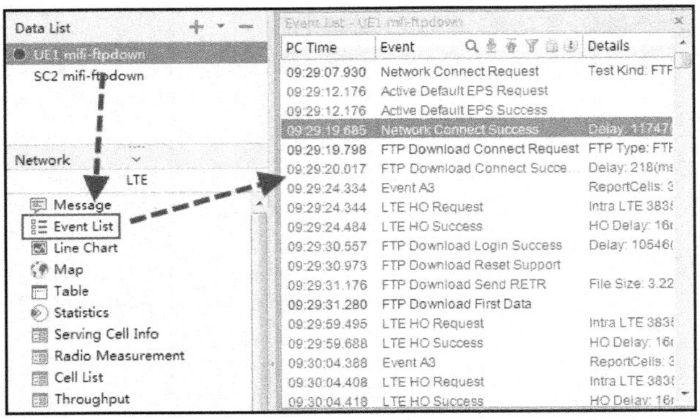

图 3.12　事件窗口查看

15. **信令窗口查看**

方法：导入数据后，选中需要查看的数据，双击 Message 即可，如未解码则会先解码，如图 3.13 所示。

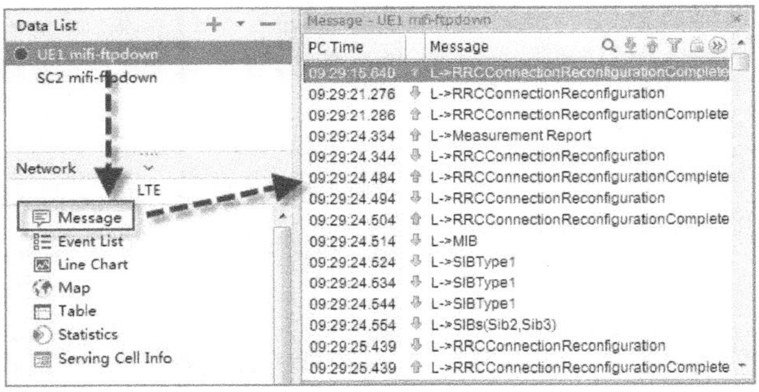

图 3.13　信令窗口查看

16. **地图轨迹查看**

方法 1：导入数据后，选中需要查看的数据，双击 Map 即会自动加载常用参数的轨迹图，如未解码则会先解码，如图 3.14 所示。

方法 2：导入数据后，选中需要查看的数据，单击导航栏中的 切换到参数界面，展开对应网络下的参数结点，如 Radio Measurement，右击对应的参数（如 SINR），选择 Map 命令即可，之后可以将需要的其他参数拖入 Map 窗口即会自动加载，如图 3.15 所示。

17. **分析项**

Pilot Pioneer Expert 提供了丰富的分析项功能，方便用户用于多个应用场景。单击导航栏中的 ，切换到分析项栏目，双击所需的分析项后弹出分析项配置窗口，选择需要分析的数据设置好分析条件即可，还可以结合过滤器和栅格功能进行综合分析，如未解码优先解码后分析，如图 3.16 所示。

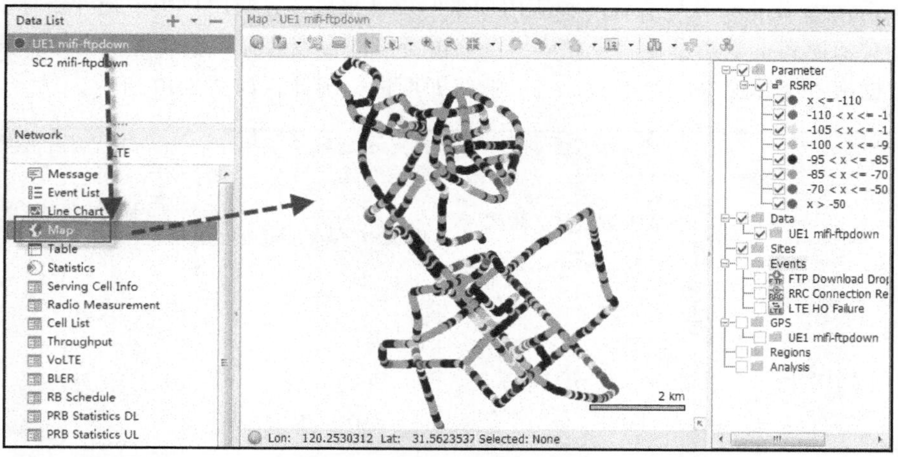

图 3.14　查看地图轨迹界面一

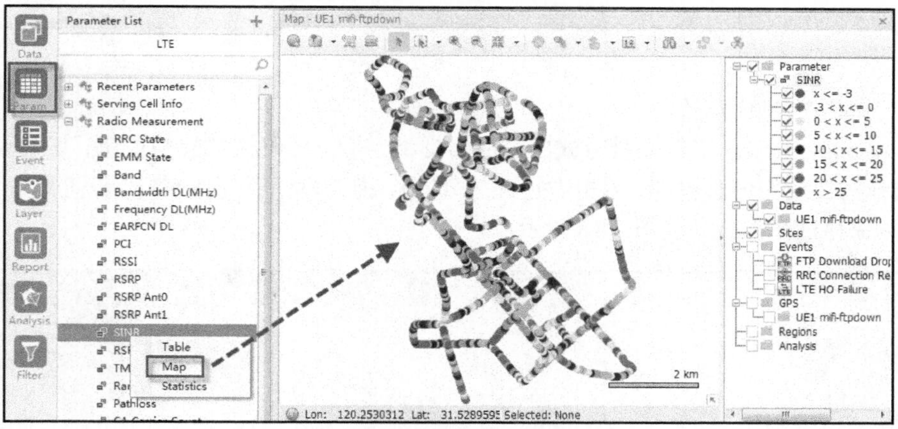

图 3.15　查看地图轨迹界面二

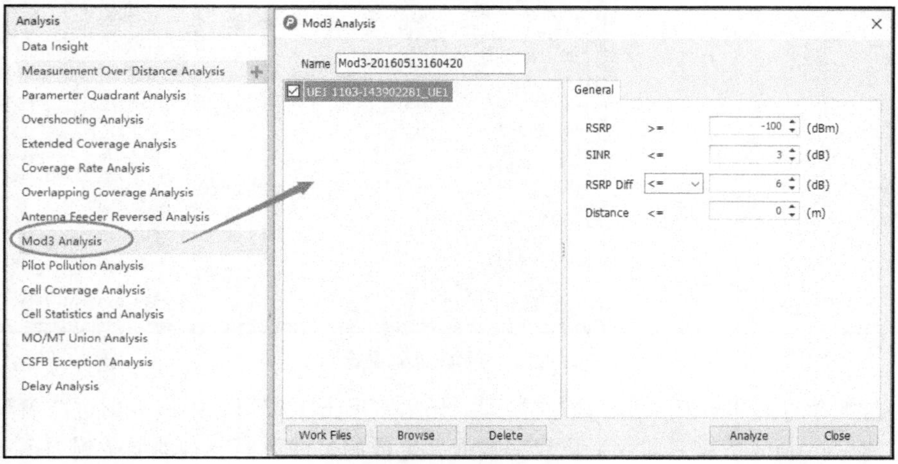

图 3.16　分析项配置窗口

18. **统计报表**

Pilot Pioneer Expert 自带适合多种应用场景的统计报表，方便用户用于统计指标。单击导航栏中的▣切换到报表栏目，展开对应结点双击所需的报表后弹出报表配置窗口，选择需要统计的数据拖入统计窗口后单击 Generate 按钮即可进行统计，如图 3.17 所示。

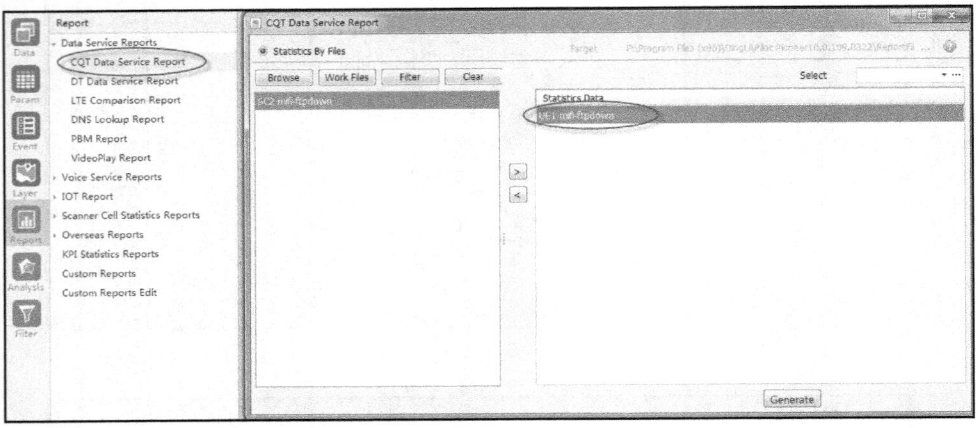

图 3.17　统计报表

19. **过滤器和栅格分析**

Pilot Pioneer Expert 支持多种方式的过滤器类型，单击导航栏中的▣按钮，切换到过滤器栏目，选择需要使用的过滤器，单击右边的 ➕ 按钮，弹出过滤器配置窗口，设置好过滤条件，单击 Save 保存过滤条件，如图 3.18 所示。

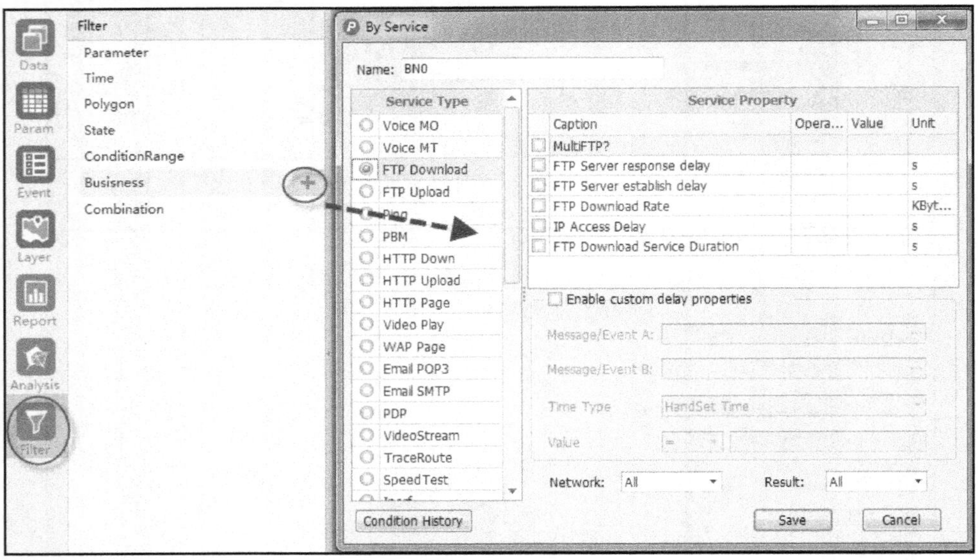

图 3.18　过滤器配置窗口

保存过滤条件后可以在对应的过滤类型下显示，单击 ⊞ 按钮，弹出数据过滤窗口，加载数据后单击 Generate 按钮，即可生成过滤数据，生成的过滤数据会自动加载到 Data List 中，如图 3.19 所示。

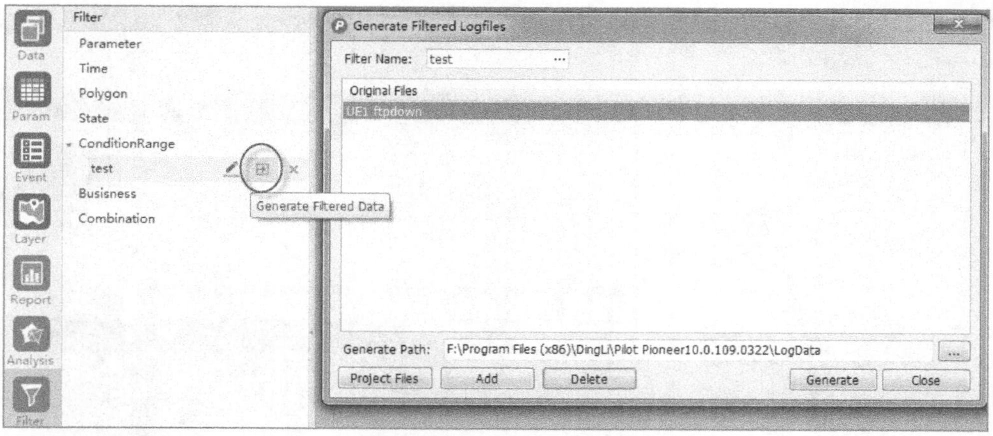

图 3.19　生成过滤数据

栅格：在 Filter 栏目的 BIN Template 中单击 + 按钮，可以配置栅格模板，按需要可以配置成 Time、Distance、Grid 三种类型，如图 3.20 所示，配置完成后保存即可。

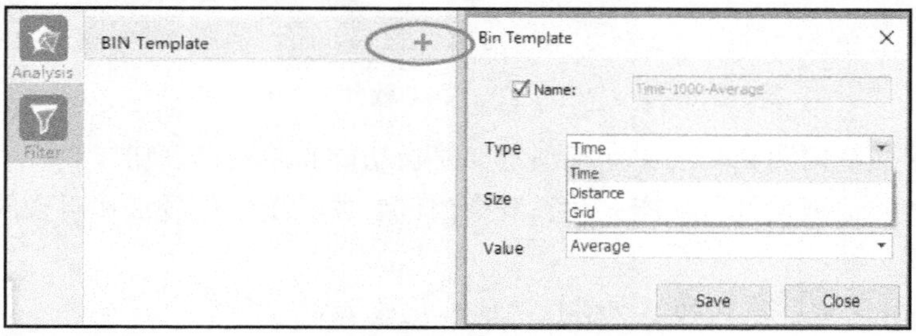

图 3.20　栅格模板配置

3.4.2　中兴路测分析软件

1. CNT 软件

ZXPOS CNT（UMTS Edition，以下简称 CNT）是中兴通讯自主开发的 UMTS 无线网络优化测试软件。作为一套专业测试工具，CNT 帮助网络优化人员对网络进行测试、分析和诊断，从而定位或预测网络质量和容量问题，制订出网络优化方案或计划。

ZXPOS 包含一系列网络规划、测试、分析工具、CNT 路测软件、CNA 路测分析软件、CNO1 综合网优分析平台、NO2:MR 网优分析平台。CNT 是一款专业的支持多制式的无线网络测试工具，同时支持 WCDMA、TDSCDMA 和 GSM/GPRS 网络。HSDPA/HSUPA 测试功能完善，支持多种数据业务呼叫模式，如 PPP、FTP、HTTP、WAP、SMS 等，如图 3.21 所示。

CNT 软件的特点主要有以下几方面：

- 支持所有符合高通串行数据控制协议的 WCDMA 手机，能快速智能地完成手机的检测与配置。
- 支持多台手机同时测试，并能对各手机进行独立设置和显示。

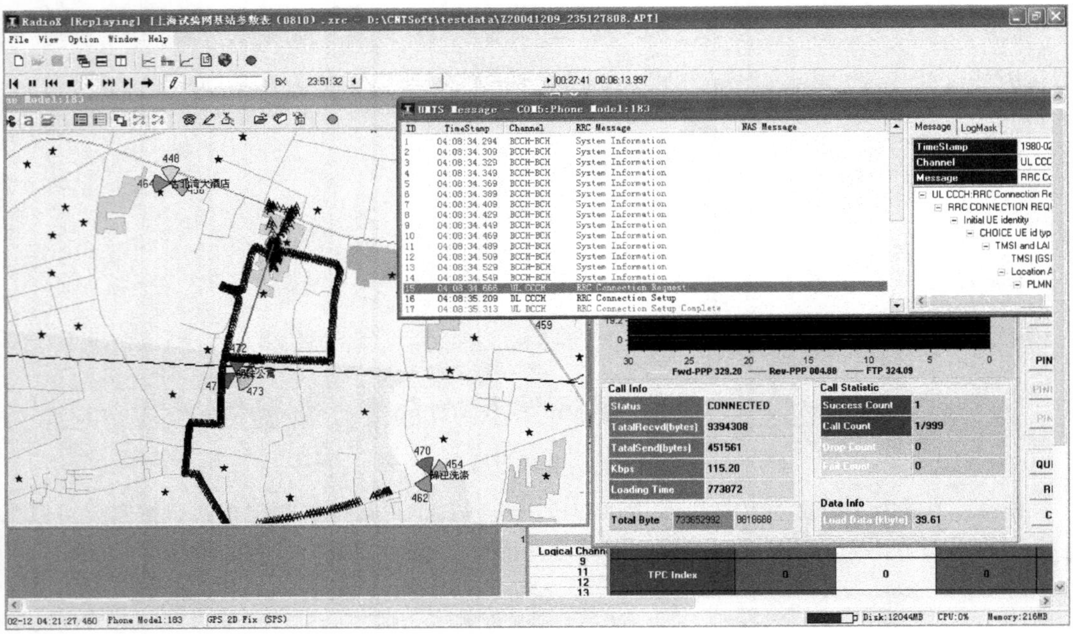

图 3.21　CNT 软件

- 方便易用的室内测试功能：支持预定义路径功能和路径修改功能。
- 具有强大的地理化显示功能：动态渲染测试参数、图标化显示呼叫事件、实时绘制邻区连线等。
- 支持 MapInfo 地图格式和站点信息的地理化显示。
- 支持所有符合 NMEA 标准并采用 RS-232 通信接口的 GPS，能快速智能地完成 GPS 的检测与配置。
- 强大的消息分析能力：支持对层 1、层 2、层 3 和 NAS 层数据的实时捕获和图形化分析，具有强大的层 3 消息浏览、实时解码、过滤以及分类显示。
- 强大的语音业务测试功能：支持自动测试计划的定制、支持断链重拨；能智能分析每次失败呼叫的原因，快速定位问题所在，能实时记录在语音业务拨打测试中的各种统计信息。
- 强大的数据业务测试功能：集成 PPP、FTP、PING 多项协议，支持 PPP 断链重拨、PPP Call by Call 测试；支持 FTP 和 PING 测试，所有的测试过程都以图形或者消息的形式显示在界面上。
- 数据回放功能：读取测试记录文件，重现测试过程。
- 支持设备的断链自动检测和自动恢复。

2. CNA 软件

ZXPOS CNA（WCDMA Edition）是 WCDMA 无线网络优化的专业分析软件，它基于路测数据和其他辅助数据，能对无线网络进行多种智能化分析，从而快速准确地定位网络问题，进行网络优化，如图 3.22 所示。

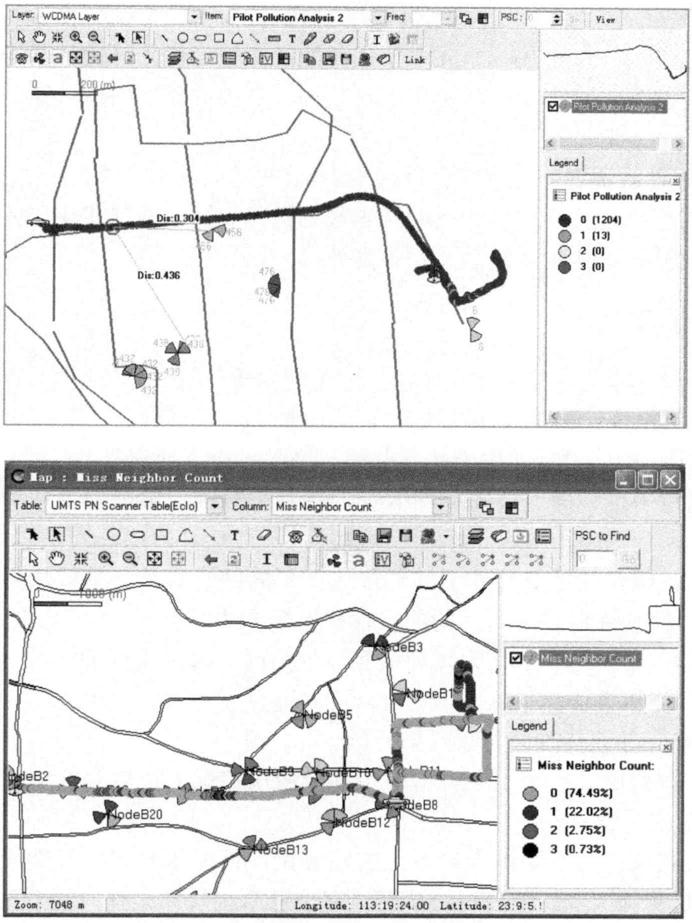

图 3.22　CNA 软件

CNA 支持两种专业的导频污染自动诊断算法，支持越区覆盖的自动诊断，支持漏配邻区的自动诊断，支持自动输出路测分析报告。

CNA 软件的特点主要有以下几方面：

- 浓缩了中兴通讯 WCDMA 和 CDMA 百余名网规网优专家的经验。
- 借鉴并集成了多种国内外主流网优分析软件的优点。
- 既支持室外测试数据分析，也支持室内测试数据分析。
- 具有强大的消息分析功能，支持 RRC、NAS 消息的彻底解码，并能对分段传输的系统信息块进行拼装。
- 采用以地理化、图形、表格为基础，动静相结合的多样分析方法。
- 具有强大而专业的导频分析诊断功能。
- 具有灵活可定制的统计和报表功能。
- 在分析的基础上提供强大的查询功能及可定制的多种回放功能。
- 全面兼容 Agilent WCDMA 路测设备的测试数据。

3. CNO 软件

ZXPOS CNO 是基于 3GPP 协议，在多年累积的网络规划优化经验和基于 CDT/MR 创新技术基础上开发的一款基于个人 PC 的优化工具软件，是为移动网络运营商、无线网络规划优化工程师量身定做的专业工具。

CNO 产品同网管系统完美无缝结合，基于 MINOS 性能数据、单站检查数据、路测数据、NES 数据等信息对网络进行邻区、频点和扰码规划优化，同时调整优化后的结果直接作用于网管软件、闭环管理、优化工作流程从而提高效率。

3.4.3 其他测试工具

① 指南针：测试基站方位、天线方位角、俯仰角等。

② 坡度仪、测距仪：测试天线的俯仰角、距离。

③ GPS：使用正确的设置，用于站点勘察、路测、投诉处理等。

④ 终端：包括手机、固定台、上网卡等。特别型号的终端能够更便利地了解无线信号情况和网络质量。

⑤ 路测设备：用于较系统性地了解局部或全网的网络质量，掌握用户真实感受。根据不同的测试目的，软硬件需要使用不同的设置和连接方法。

⑥ MOS 设备：主要用于掌握无线侧话音质量情况。根据不同的测试目的，软硬件需要使用不同的设置和连接方法。

⑦ PN Scanner：导频接收，分析导频问题。

⑧ 频谱仪（扫频仪）：用于了解网络中频谱使用情况。通常和八木天线等工具结合使用，用于排查网络的干扰。

⑨ 驻波比测试仪：用于测试天馈系统的驻波比、借助距离定位等功能可以准确定位问题点。 MapInfo 是美国 MapInfo 公司的桌面地理信息系统软件，是一种数据可视化、信息地图化的桌面解决方案。它依据地图及其应用的概念、采用办公自动化的操作、集成多种数据库数据、融合计算机地图方法、使用地理数据库技术、加入了地理信息系统分析功能，形成了极具实用价值的、可以为各行各业所用的大众化小型软件系统。MapInfo 的含义是“Mapping + Information（地图+信息）”即地图对象+属性数据。MapInfo 是个功能强大，操作简便的桌面地图信息系统，它具有图形的输入与编辑、图形的查询与显示、数据库操作、空间分析和图形的输出等基本操作。系统采用菜单驱动图形用户界面的方式，为用户提供了 5 种工具条（主工具条、绘图工具条、常用工具条、ODBC 工具条和 MapBasic 工具条）。用户通过菜单条上的命令或工具条上的按钮进入到对话状态。系统提供地图窗口、浏览窗口、统计窗口，及帮助输出设计的布局窗口，并可将输出结果方便地输出到打印机或绘图仪。

习　　题

一、填空题

1. 网络优化的分类，依据优化实施的时间段、工作目标和工作内容，将优化分为工程优化和__________。

2. __________是在网络建设完成后放号前进行的网络优化。其主要目标是让网络能够正常工作，同时保证网络达到规划的覆盖及干扰目标。

3. WCDMA 网络优化流程主要包括________验证、________优化、业务测试、参数优化、例行路测和话统分析。

4. 基站簇优化工作结束后，系统在覆盖区域的大多数地方应工作良好。但在局部区域，尤其是子网络重叠区和局部信号盲区，需要综合考虑各方面的性能指标，对网络进行调整，这种是________。

5. ________测试是使用测试设备沿指定的路线移动，进行不同类型的呼叫，记录测试数据，统计网络测试指标。

6. ________（call quality）测试为定点测试，主要的测试目的是采集测试室内室外信号质量以及业务建立、保持等相关数据。

7. WCDMA 的基本网络参数之一（RSCP）称为________，信号解扩及合并后的平均接收功率，一般即指该信道的有用信号的接收功率。是衡量手机接收到的小区导频信道上有用功率水平的参数。此数值越高，表示接收到的手机信号越好。

8. 在 WCDMA 网络测量中，参数________是指 CPICH 信道的有用信号与全部接收信号的比值，是衡量手机接收到的小区导频信道的干扰水平的重要参数。此数值越低，则网络干扰越严重，直接影响网络的接入允许和数据传输质量。

9. 在 WCDMA 网络测量中，参数________，即手机平均发射功率，是衡量网络上行链路质量的重要参数。此数值越高，则网络上行链路质量越差，上行总干扰水平越高。

二、选择题

1. 一旦规划区域内的所有站点安装和验证工作完毕，(　　)优化工作随即开始，这是优化的主要阶段之一，目的是在优化覆盖的同时控制干扰和导频污染。

A. 单站点验证　　B. RF 优化

C. 业务测试和参数优化　　D. 例行路测和话统分析

2. 单站验证测试前，OMC 工程师主要做（　　）。

A. 基站状态的检查

B. 导出 RNC 配置数据表，包括基站的各种基本配置数据（LAC、RAC、CELLID、频点、扰码、CPICH POWER、邻区等）

C. 选择测试路线

D. 配合安装工程师进行故障排查和解决

3. 路测时，需要（　　）工具。

A. 测试手机　B. 笔记本式计算机　C. GPS　D. 测试数据卡

4. 单站验证过程中，需要进行 UE 空闲模式下的参数检查，主要包括（　　）。

A. 频率和扰码是否和规划数据一致　　B. LAC/RAC 是否和规划数据一致

C. 小区选择和重选参数的设置　　D. 邻区列表是否与规划数据一致

5. 工程优化的主要工作有（　　）。

A. 检查小区配置与网络规划目标的一致性

B. 日常维护

C. 排除系统的硬件故障

D. 使覆盖和干扰达到一个满意的水平

6. 运维优化包括的工作有（　　）。

A. 日常维护　　B. 阶段优化

C. 网络运营分析　　D. 排除系统的硬件故障

7. 放号后运维优化的主要工作将会涉及（　　）。

A. 增加基站　　B. 优化参数

C. 减小干扰　　D. 提供室内覆盖的解决方案

8. 放号后（Post-launch）运维优化的目标是（　　）。

A. 提高服务质量和系统容量

B. 提高服务的覆盖范围（如增加高速率数据业务的覆盖范围）

C. 为热点区域提供更好的服务

D. 最大化投资回报

9. 基站簇优化的步骤（　　）。

A. 确定基站簇的大小和位置　　B. 确定基站簇的分析项目

C. 开展测试工作　　D. 检查天馈系统

10. 全网优化也是一个循环过程，其工作流程是（　　）。

A. 确定优化区域和优化目标，测试路线

B. 进行全面路测，分析测量数据，形成调整方案并实施

C. 调整结果是否达到预期目标，否则返回

D. 提交优化报告

11. DT 测试的硬件要求包括（　　）。

A. DT 测试设备一台或两台，支持 WCDMA 标准

B. MOS 语音测试评估设备

C. 测试手机

D. 测试卡

12. 功能验证类 CQT 测试主要应用于（　　）等设备的工作状态。

A. 测试新开通的基站　　B. 微蜂窝

C. 室内分布系统　　D. 基站簇

13. WCDMA 网络优化报告中需要包含的内容有（　　）。

A. 概述、基本情况、优化区域基本情况

B. 参与人员、簇优化成果

C. 主要性能指标走势、CQT 测试情况

D. 典型优化案例、遗留问题和建议

14. 以下（　　）的指标是 RSCP、Ec/Io、导频污染。

A. 接入分析　　B. 覆盖分析　　C. 保持分析　　D. 移动性分析

15. 鼎利路测软件的常规测试包括（　　）。

A. 运行软件　　B. 新建保存工程、配置设备

C. 设置测试模板、保存工程　　D. 导入地图、导入基站

16. （　　）是 WCDMA 无线网络优化的专业测试软件，能实时、准确地采集、显示网

络的各种数据，以便用户能快速了解网络性能、诊断网络故障。

A. CNA　　B. CNT　　C. CNO

17.（　　）是 WCDMA 无线网络优化的专业分析软件，它基于路测数据和其他辅助数据，能对无线网络进行多种智能化分析，从而快速准确地定位网络问题、进行网络优化。

A. CNA　　B. CNT　　C. CNO

18.（　　）用于测试基站方位、天线方位角、俯仰角等。

A. GPS　　B. 指南针　　C. 测距仪　　D. 扫频仪

19.（　　）主要用于掌握无线侧话音质量情况。根据不同的测试目的，软硬件需要使用不同的设置和连接方法。

A. MOS 设备　　B. 指南针　　C. 测距仪　　D. 扫频仪

20.（　　）用于了解网络中频谱使用情况。通常和八木天线等工具结合使用，用于排查网络的干扰。

A. MOS 设备　　B. 指南针　　C. 测距仪　　D. 扫频仪

21.（　　）用于测试天馈系统的驻波比、借助距离定位等功能可以准确定位问题点。

A. MOS 设备　　B. 指南针　　C. 测距仪　　D. 驻波比测试仪

22. 测试天线的俯仰角、距离的工具是（　　）

A. GPS　　B. 指南针　　C. 测距仪　　D. 扫频仪

三、判断题

1. 运维优化是在网络运营期间，通过优化手段来改善网络质量，提高客户满意度。（　　）

2. 单站点验证是优化第一阶段，涉及每个新建站点的功能验证。单站点验证工作的目标是确保站点安装和参数配置的正确。（　　）

3. 对不同的业务都必须进行路测，以评估网络性能，进而判断是否需要进行参数优化。业务测试一般在 RF 覆盖较差的地区进行，以排除信号覆盖方面的因素对测试的影响。（　　）

4. 判断 DT（drive test）测试的目的在于采集单站、簇、全网的信号覆盖数据以及 CS、PS 业务相关的指标数据。（　　）

5. 基站簇优化是一个循环过程，其工作流程是先确定优化区域和优化目标，以及测试路线，进行全面路测，分析测量数据，形成调整方案并实施，直到所有基站都优化，然后进入全网优化阶段。（　　）

6. 簇划分完成，并且簇内已开通并通过单站验证 50%以上的基站是进行基站簇优化的前提。（　　）

7. 基站簇划分的方法保证每个簇包含至少 30 个基站以上，不宜过少；并且簇和簇之间的覆盖区域有所重叠。（　　）

8. 工程优化与运维优化的区别是在于，工程优化是在商用放号前，运维优化是在商用放号后。（　　）

9. 测试时应按预先指定路线行驶，在市区繁华地段保持在 60 km/h 左右。（　　）

10. DT 路测中，手机拨叫、接听、挂机都采用自动方式。每次呼叫建立时长为 60 s，通

话保持时长为 60 s，呼叫间隔 15 s；如出现未接通或掉话，应间隔 60 s 进行下一次试呼。（　）

11. WCDMA/GSM 系统间互操作测试中，测试终端需进行锁定，在异系统间进行小区重选及切换，该类测试旨在模拟实际用户感受，验证与优化系统间小区重选、异系统切换。（　）

12. 多系统比较测试主要用于了解 WCDMA 网络在网络覆盖、业务性能、服务质量等方面，与其他运营商同类网络、同类业务之间的性能差异。（　）

13. 与 GSM 网络 CQT 测试相比，WCDMA 网络的 CQT 测试除了需要了解室内环境的话音服务质量外，另一个重要目的是掌握室内环境数据业务的服务质量。（　）

14. BLER 用于衡量网络下行数据传输的质量；不同的业务对 BLER 的最低要求一样。（　）

15. RRC 连接建立成功率是指 RRC 连接建立成功次数/RRC 连接建立尝试次数×100%。（　）

16. RAB 建立成功率是指 RAB 建立成功次数/RAB 建立尝试次数×100%。（　）

17. 掉话率是指掉话总次数/接通总次数 × 100%。（　）

18. CQT 接通率是指接通总次数/呼叫成功次数 × 100%。（　）

19. CQT 掉话率是指 CQT 掉话总次数/掉话总次数 × 100%。（　）

20. 将任何硬件故障从系统中排除是非常重要的，硬件排障通常是按照基站簇的划分来进行的。（　）

21. CNT 是一款专业的支持多制式的无线网络测试工具，同时支持 WCDMA、TDSCDMA 和 GSM/GPRS 网络。（　）

四、简答题

1. 简述 WCDMA 网络优化的分类。
2. 简述 WCDMA 网络优化流程。
3. 简述 WCDMA 网络测试方法。
4. 简述鼎利软件如何导入基站。
5. 简述鼎利软件如何导入地图。
6. 简述鼎利软件如何连接设备。
7. 简述鼎利软件如何定制测试计划。
8. 简述鼎利软件如何结束测试。

第4章 WCDMA 无线网络信令流程

4.1 WCDMA 信令基础

4.1.1 信令与协议

1. **信令**

信令（Signaling）是指：在各 WCDMA 系统各网元间传递的，按各层协议封装的，实现网络控制功能的消息体系。与信令相对的是各类业务的实际用户数据信息（Data）。

- 按协议规定的固定格式封装；
- 实现特定的功能；
- 通过组合实现各类网络流程和用户业务。

信令分析是日常进行 WCDMA 网络测试和优化分析的关键。WCDMA 优化测试过程中发生的“事件”（如掉话、掉线、脱网等），通常由两类因素导致：

- 无线环境优化不足（导致弱覆盖或强干扰）；
- 网络参数设置错误（导致 UE 错误网络动作）。

对于前一种情况，信令分析能够配合 UE 测量记录给出“事件”发生时的无线环境与 UE 动作的不匹配；对于后一种情况，通过对出错信令过程的定位和 SDU 分析，能够直接找到导致异常的参数设置，进而进行针对性的优化。

信令在各个网络实体之间传输。不同接口上的信令类型、信令格式都存在不同。通常优化测试过程中能直接看到的是 Uu 接口（空口）的信令。有时对问题的定位需要对多个接口协议进行联合分析。

接口协议结构的原则是层与平面在逻辑上相互独立，如果需要，在将来的协议版本协议层，甚至一个平面内的所有层可以改变，如图 4.1 所示。

2. **协议**

网络协议简称协议，由三要素组成。

- 语法：即数据与控制信息的结构或格式。
- 语义：即需要发出何种控制信息，完成何种动作以及做出何种响应。
- 时序（同步）：即事件实现顺序的详细说明。

协议分层分为水平分层和垂直分层。

- 水平分层：协议结构主要由两层组成，无线网络层和传输网络层。所有 UTRAN 相关的问题仅在无线网络层可见，传输网络层表示用于 UTRAN 的标准传输技术，但不表示任何 UTRAN 的特殊要求。

● 垂直分层：包括控制平面、用户平面、传输网络控制平面、传输网络用户平面。

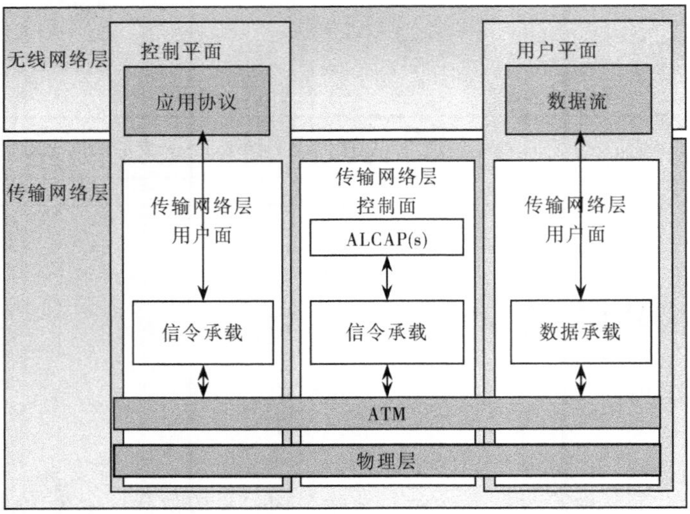

图 4.1　接口协议原则

（1）控制平面

控制平面包括应用协议，即 RANAP、RNSAP、NBAP 和传输应用协议消息的信令承载。应用协议用于在无线网络层建立承载（即无线接入承载或无线链路）。三个平面结构中，应用协议的承载参数不直接与用户平面技术相关，而是一般的承载参数。应用协议的信令承载类型可以和 ALCAP 的信令协议相同或不同。信令承载总是由 O&M 建立。

（2）用户平面

用户平面包括数据流和数据承载。数据流以特定接口帧协议来区分。

（3）传输网络控制平面

传输网络控制平面不包含任何网络层信息，完全在传输层。传输网络控制平面包括用于建立用户平面传输承载（数据承载）的 ALCAP 协议，还包括 ALCAP 协议所需的信令承载。

传输网络控制平面介于控制平面和用户平面之间。引入传输网络控制平面使得在无线网络控制平面的应用协议完全独立于用户平面数据承载所用的技术。

当使用传输网络控制平面，用户平面数据承载的传输承载按以下方式建立。首先控制平面的应用协议建立一个信令事务，由它触发通过特定于用户平面技术的 ALCAP 协议数据承载的建立。

（4）传输网络用户平面

用户平面的数据承载和应用协议的信令承载也属于传输网络用户平面。如前所述，传输网络的用户平面在实时操作时直接由传输网络控制平面控制，但为应用协议建立信令承载是 O&M 的事。

3. 接入层与非接入层

WCDMA 系统具有各种各样的信令流程，从协议栈的层面来说，可以分为接入层的信令流程和非接入层的信令流程；从网络构成的层面来说，可以分为电路域的信令流程和分组域的信令流程，如图 4.2 所示。

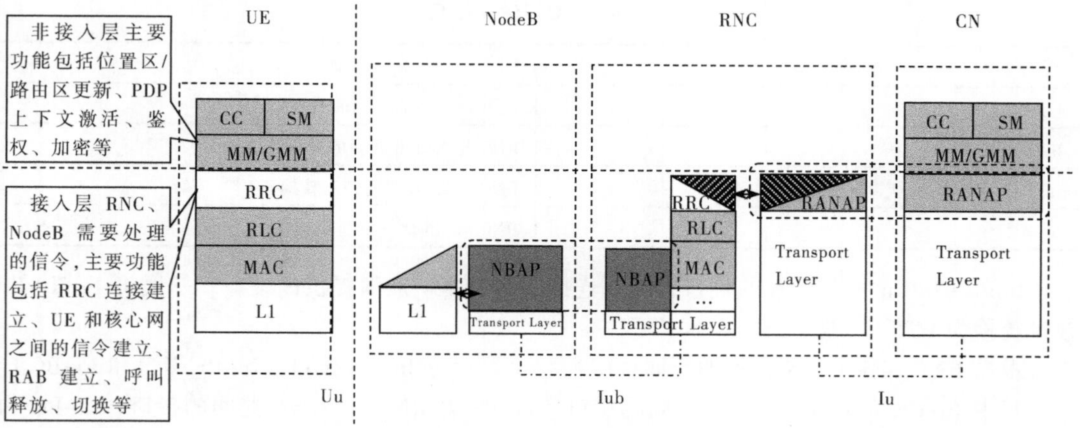

图 4.2　接入层与非接入层

所谓接入层的流程和非接入层的流程，实际是从协议栈的角度出发的。在协议栈中，RRC 和 RANAP 层及其以下的协议层称为接入层，它们之上的 MM、SM、CC、SMS 等称为非接入层。简单地说，接入层的流程，也就是指无线接入层的设备 RNC、NodeB 需要参与处理的流程。非接入层的流程，就是指只有 UE 和 CN 需要处理的信令流程，无线接入网络 RNC、NodeB 是不需要处理的。举个形象的比喻，接入层的信令是为非接入层的信令交互铺路搭桥的。通过接入层的信令交互，在 UE 和 CN 之间建立起了信令通路，从而便能进行非接入层信令流程了。

接入层的流程主要包括 PLMN 选择、小区选择和无线资源管理流程。无线资源管理流程就是 RRC 层面的流程，包括 RRC 连接建立流程、UE 和 CN 之间的信令建立流程、RAB 建立流程、呼叫释放流程、切换流程和 SRNS 重定位流程。其中切换和 SRNS 重定位含有跨 RNC、跨 SGSN/MSC 的情况，此时还需要 SGSN/MSC 协助完成。所以从协议栈的层面上来说，接入层的流程都是一些底层的流程，通过它们，为上层的信令流程搭建底层的承载。

非接入层的流程主要包括电路域的移动性管理、电路域的呼叫控制、分组域的移动性管理、分组域的会话管理。

4.1.2　UTRAN 网络结构与协议

如图 4.3 所示，UMTS 系统中 UTRAN 接口包括 Iub/Iur/Iu/Uu 接口，接口连接的网元如表 4.1 所示。

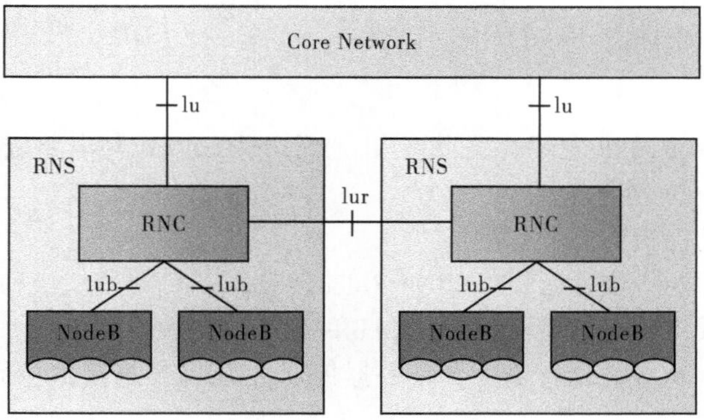

图 4.3　UTRAN 体系结构

表 4.1　UTRAN 接口

接　　　　口	含　　　义
Uu	UTRAN 与 UE 之间的逻辑接口
Iub	RNC 与 NodeB 之间的逻辑接口
Iur	RNC 与 RNC 之间的逻辑接口
Iu	RNC 与 CN 之间的逻辑接口

Iub/Iur/Iu/Uu 都为标准的接口，可以连接不同设备供应商提供的设备。一般将 Iub/Iur/Iu 接口统称为 UTRAN 地面接口。

根据 RNC 连接的 CN 设备的不同，Iu 接口又可以分 Iu-CS 接口、Iu-PS 接口和 Iu-BC 接口，其中 Iu-CS 为 RNC 和 MSC 之间的接口，Iu-PS 为 RNC 和 SGSN 之间的接口，Iu-BC 为 RNC 和 CBC 之间的接口。

1. Uu 接口

Uu 接口为 UE（User Equipment）与 UTRAN（UMTS Terrestrial Radio Access Network）之间的接口，是 UMTS 系统的空中接口，也是最重要的接口。

Uu 接口可分为三个协议层：物理层（L1）、数据链路层（L2）和网络层（L3）。

Uu 接口主要功能包括：

- 传输信道的信道交织/解交织、传输信道的复用、CCTrcH 的解复用、速率匹配、CCTrCH 到物理信道的映射、物理信道的调制/扩频与解调/解扩、物理信道的功率加权与组合。
- 向上层提供测量及指示（如 FER、SIR、干扰功率、发送功率等）、传输信道的错误检测。
- 宏分集分布/组合、软切换执行。
- 频率和时间（码片、比特、时隙、帧）的同步。
- 闭环功率控制。
- 射频处理等。
- 调制/解调和扩频/解扩。
- 测量并向高层指示。
- 压缩模式支持。
- 收发分集。
- 其他基带处理功能。

2. Iu 接口

Iu 接口是 RNC 和 NodeB 之间的逻辑接口。通常分为 Iu-Cs(与电路域核心网相连)和 Iu-PS（与数据交换域核心网相连）。

Iu 接口的主要功能是：

- 移动性管理功能：位置区报、SRNS Relocation、RNC 间硬切换和系统间切换。
- 无线接入承载（RAB）管理功能：RAB 的建立、更改、释放。
- Iu 数据传输：正常数据传输、异常数据传输、UE-CN 连接信息的透明传输。
- 寻呼（Paging）。
- Iu 释放。

- 安全性模式控制。
- 过载控制。
- 公共 UE ID（IMSI）的管理。
- Iu 信令跟踪管理。
- Iu 接口异常管理。
- CBS（Cell Broadcast Service）控制。

3. Iur 接口

Iur 接口是 RNC 之间的接口。Iur 接口的主要功能包括：

- 支持 RNC 间移动性的基本功能：支持 SRNC relocation、RNC 间的 Cell Update 和 URA Update、RNC 间寻呼、报告协议错误。
- 专用信道功能：切换时，在 DRNC 中建立、更改、释放专用信道；Iur 接口上 DCH 传输块的传输；通过专用测量报告过程和过滤控制管理 DRNS 中的无线链路；RL 的管理，压缩模式的管理。
- 公共信道功能：Iur 接口上公共传输信道的建立、删除，公共传输信道用于传输 DRNC 中处于公共信道状态 UE 的信息；将 MAC-d 和 MAC-c 相分离；MAC-d 和 MAC-c 之间的流控。
- 全局资源管理（Global Resource Management）：RNC 间公共测量、RNC 间 NodeB 定时信息传输。

4. Iub 接口

Iub 接口是 RNC 与 NodeB 间的接口。Iub 接口的主要功能包括：

- 公共功能：公共传输信道管理、Iub 公共信道数据传输、NodeB 逻辑 O&M（小区配置、故障管理、闭塞等维护功能）、系统信息管理、公共测量、资源核查、异常管理、定时和同步管理。
- 专用功能：专用传输信道管理、无线链路（RL）监控、专用测量管理、定时和同步管理、上行外环功控、Iub 专用数据传输、下行功率漂移的平衡、压缩模式控制。

4.1.3 UTRAN 的基本概念

1. RAB、RB、RL

UTRAN：为非接入层（NAS）提供无线接入承载 RAB 的建立、维护、释放等服务，以屏蔽 NAS 对于无线接入层特性的关注。涉及的概念有 UTRAN、RAB、RB、RL，如图 4.4 所示。

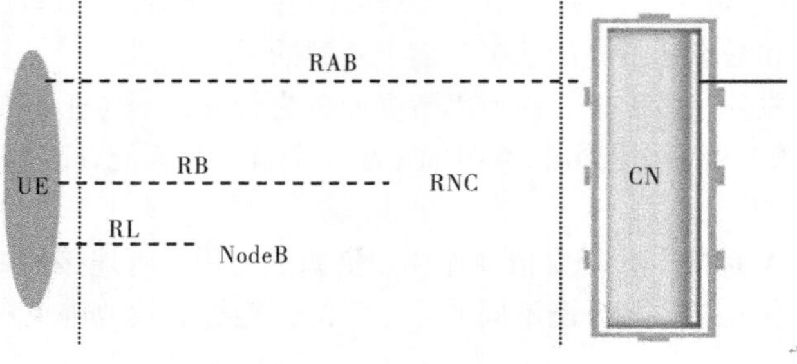

图 4.4 RAB、RB、RL

- 无线接入承载（RAB）：RAB 可以看作 UE 与 CN 之间接入层向非接入层提供的业务，主要用于用户数据的传输。RAB 直接与 UE 业务相关，它涉及接入层各个协议模块，在空中接口上，RAB 反映为无线承载（RB）。
- 无线承载（RB）：RB 是 UE 与 UTRAN 之间 L2 向上层提供的业务。上面提到的 RRC 连接也可以看作一种承载信令的 RB。
- 无线链路（RL）：一个 UE 和一个 UTRAN 接入点之间的逻辑连接，它在物理实现上通常是由一到多个无线承载传输组成。在 UE 与一个 UTRAN 接入点（通常指小区）之间最多存在一条无线链路。

2. UE 的工作模式

UE 有两种基本的运行模式：空闲模式和连接模式。

（1）空闲模式

UE 处于待机状态，没有业务的存在，UE 和 UTRAN 之间没有连接，UTRAN 内没有任何有关此 UE 的信息；通过非接入层标识如 IMSI、TMSI 或 P-TMSI 等标识来区分 UE。

（2）连接模式

当 UE 完成 RRC 连接建立时，UE 才从空闲模式转移到连接模式。在连接模式下，UE 有 4 种状态：Cell-DCH、Cell-FACH、Cell-PCH、URA-PCH。

① Cell-DCH：UE 处于激活状态，正在利用自己专用的信道进行通信，上下行都具有专用信道，UTRAN 准确地知道 UE 所位于的小区。

② Cell-FACH ：UE 处于激活状态，但是上下行都只有少量的数据需要传输，不需要为此 UE 分配专用的信道，下行的数据在 FACH 上传输，上行在 RACH 上传输，下行需要随时监听 FACH 上是否有自己的信息，UTRAN 准确地知道 UE 所位于的小区，保留了 UE 所使用的资源，所处的状态等信息。

③ Cell-PCH ：UE 上下行都没有数据传送，需要非连续监听 PICH，以便收听寻呼，因此，UE 此时进入非连续接收，可有效地节电。UTRAN 准确地知道 UE 所位于的小区，这样，UE 所位于的小区变化后，UTRAN 需要更新 UE 的小区信息。

④ URA-PCH：UE 上下行都没有数据传送，需要非连续监听 PICH，进入非连续接收，UTRAN 只知道 UE 所位于的 URA（UTRAN Registration Area，一个 URA 包含多个小区），也就是说，UTRAN 只在 UE 位于的 URA 发生变化后才更新其位置信息，这样更加节约了资源，减少了信令。

3. UE 状态

UE 四种状态的细分是由 WCDMA 不同于 GSM 的特性决定的。UE 取决于哪一种状态，取决于当前的业务类型和需求；不同的状态对信道资源的需求不同。

WCDMA 提供的服务以多类型、高速率数据业务为特征，不同业务类型对网络资源（主要是码信道和功率）的要求不同。同时，WCDMA 是一个自干扰系统，干扰受限决定了 WCDMA 系统的容量及覆盖。

因此，在 WCDMA 系统中，需要精确地控制资源的使用。将连接模式下的 UE 根据业务需求的不同细分为四种状态，再分配不同的业务资源，能够有效地避免资源“浪费”及其带来的干扰增加。

4. UE **状态转换**

- UE 在空闲模式下，通过 RRC 连接，能直接进入 Cell_DCH 或者 Cell_FACH 状态，不能直接进入 URA_PCH 和 Cell_PCH 状态。
- Cell_DCH 状态下，是可以直接进入 Cell_FACH、Cell_PCH/URA_PCH 状态。
- URA_PCH 状态和 CELL_PCH 状态不能直接迁移到 Cell_DCH 状态，必须通过 Cell_FACH 状态中转。

UE 四种状态的相互转换如图 4.5 所示。

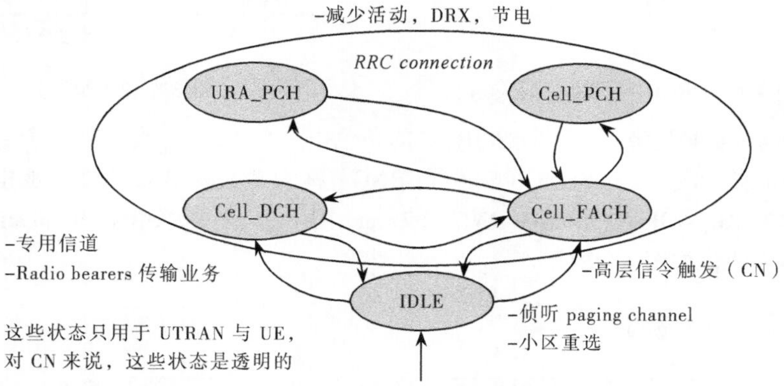

图 4.5 UE 四种状态的相互转换

UE 各种状态与模式下的切换流程如图 4.6 所示。

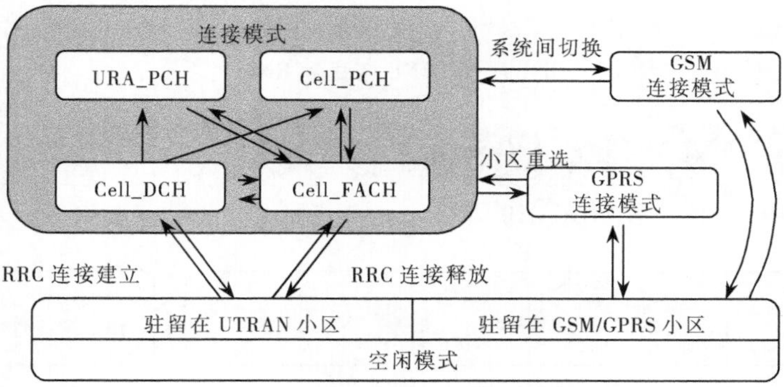

图 4.6 UE 各种状态与模式下的切换流程

5. SRNC、DRNC、CRNC

在 WCDMA 系统中，由于 Iur 接口的引入而产生了 SRNC/DRNC 的概念。SRNC 和 DRNC 都是对于某一个具体的 UE 来说的，是逻辑上的一个概念。

简单地说，对于某一个 UE 来说，其与 CN 之间的连接中，直接与 CN 相连，并对 UE 的所有资源进行控制的 RNC 称为该 UE 的 SRNC。UE 与 CN 之间的连接中，与 CN 没有连接，仅为 UE 提供资源的 RNC 称为该 UE 的 DRNC。处于连接状态的 UE 必须而且只能有一个 SRNC，可以有 0 个或者多个 DRNC。

DRNC 与 SRNC 的关系如图 4.7 所示。

CRNC 是对于某一个 NodeB（或者 Cell）来说的直接和某 NodeB 相连接，对该 NodeB 资源的使用进行控制的 RNC 称为该 NodeB 的 Control RNC。一个 NodeB 有且只有一个 CRNC；CRNC 对其控制的所有 NodeB 的资源进行合理的分配和使用，如图 4.8 所示。

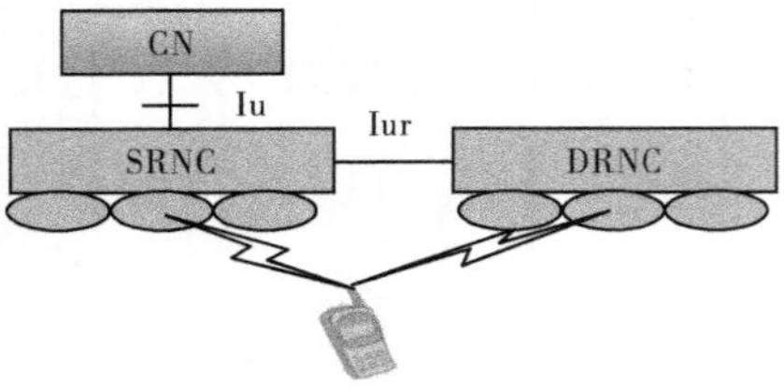

图 4.7 DRNC 与 SRNC 的关系

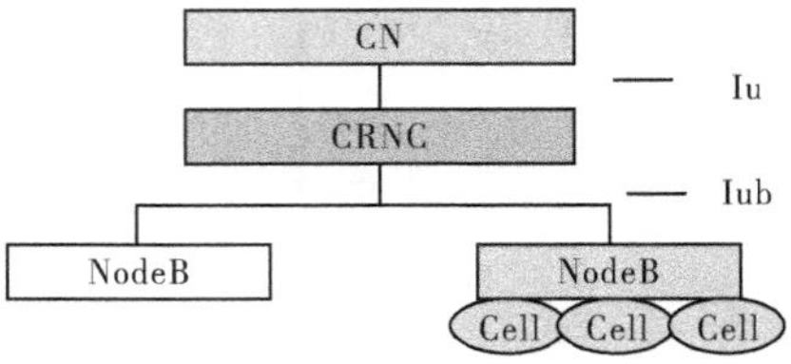

图 4.8 CRNC

SRNS Relocation 就是将某个 UE 的 SRNC 的角色由一个 RNC 转到另外一个 RNC 的过程。SRNS Relocation 前，该 UE 的 SRNC（Serving RNC）称为 Source RNC，即将承担 SRNC 角色的目标 RNC 称为 Target RNC。Source RNC 和 Target RNC 是在一次 SRNS Relocation 过程中对于不同 RNC 的称谓，如图 4.9 所示。

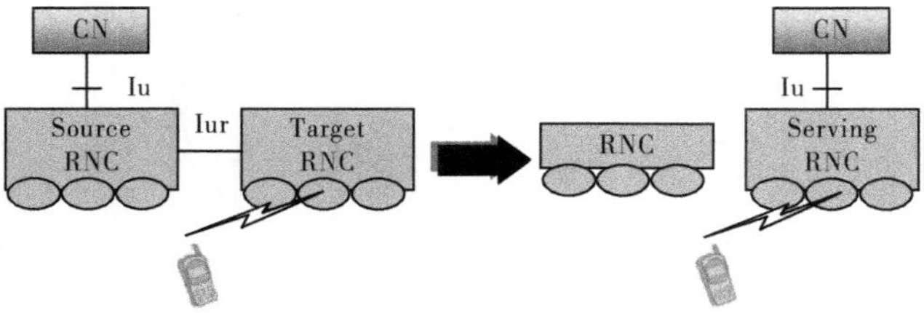

图 4.9 源 RNC 与目标 RNC

4.2 WCDMA 基本信令流程

WCDMA 呼叫的总体流程如图 4.10 所示。

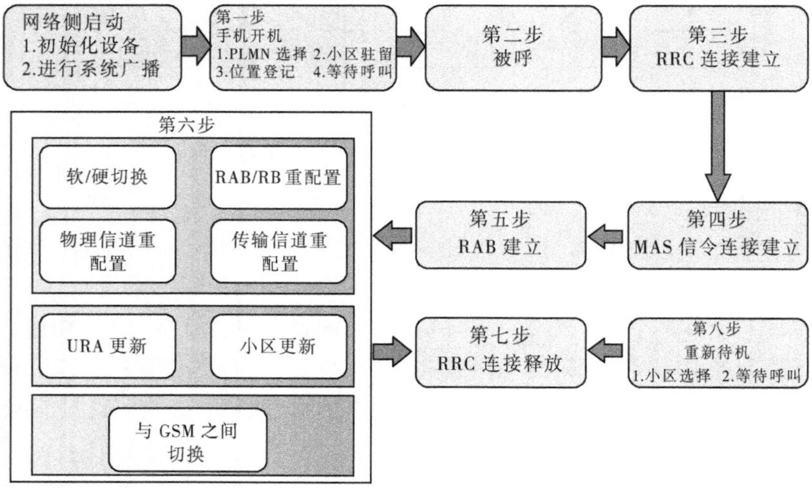

图 4.10 WCDMA 呼叫的总体流程

4.2.1 手机开机流程

1. PLMN 选择流程

PLMN 选择流程是任何 UE 开机后必须完成的第一个流程。PLMN 选择和重选的目的是选择一个可用的（就是能提供正常业务的），最好的 PLMN。UE 会维护一个 PLMN 列表，这些列表将 PLMN 按照优先级排列，然后从高优先级向下搜索。

RPLMN（registered PLMN）优先级最高。RPLMN 就是上次注册成功的 PLMN，无论自动选网还是手动选网，UE 开机后，首先就会尝试 RPLMN，成功后，就不会有后续过程。如果不成功，UE 就会生成一个 PLMN 列表。

PLMN 选择和重选的模式有两种：自动和手动。自动选网就是 UE 按照 PLMN 的优先级顺序自动地选择一个 PLMN；手动选网就是将当前的所有可用网络呈现给用户，将权利给用户，由用户选择一个 PLMN。

PLMN 选择流程在多运营商共用网络或（国际）漫游的时候，将直接决定用户驻留网络和运营商收益，尤其重要。

2. 小区建立

当 PLMN 选定之后，就要进行小区选择，目的是选择一个属于这个 PLMN 的信号最好的小区。小区选择的过程大致如下：

（1）小区搜索

小区搜索的目的是找到一个小区，尽管它可能不属于选择的 PLMN。小区搜索的步骤如下（首先要锁定一个频率）：通过 primary SCH，UE 获得时隙同步。时隙同步后，就要进行帧同步。帧同步是使用 secondary SCH 的同步码实现的。这一过程同时也确定了这个小区的扰码组。然后，UE 通过对扰码组中的每一个扰码在 CPICH 上相关，直至找到相关结果最大的一个。这就确定了主扰码。

显然，如果 UE 已经知道这个小区的一些信息，比如使用哪个频率，甚至主扰码，上述步骤就可以大大加速。

（2）读广播信道

UE 从上述步骤中获得了 PCCPCH 的扰码，而 PCCPCH 的信道码是已知的，在整个 UTRAN 中是唯一的。UE 即可读广播信道的信息。

读到 MIB 后，UE 就可以判断当前找到的 PLMN 是否就是要找的 PLMN，因为在 MIB 中有 PLMN identity 域，如果是，UE 就根据 MIB 中包含的其他 SIB 的调度信息（scheduling information），找到其他的 SIB 并获得其内容。如果不是，UE 只好再找下一个频率，又要从头开始这个过程（从小区搜索开始）。

如果当前 PLMN 是 UE 要找的 PLMN，UE 读 SIB3，取得“Cell selection and re-selection info”，通过获取这些信息，UE 计算是否满足小区驻留标准。如果满足，则 UE 认为此小区即为一个 suitable cell。驻留下来，并读其他所需要的系统信息，随后 UE 将发起位置登记过程。

如果不满足上述条件，UE 读 SIB11，获取临区消息，这样 UE 就可以算出并判断临区是否满足小区选择驻留标准。

如果 UE 发现了任何一个临区满足小区驻留标准，UE 就驻留在此小区中，并读其他所需要的系统信息，随后 UE 将发起位置登记过程。

如果 UE 发现没有一个小区满足小区驻留标准。UE 就认为没有覆盖，就会继续 PLMN 选择和重选过程。

3. PLMN 重选

USIM 卡在开机过程中的作用：USIM 卡中有 EFLOCI 和 EFPSLOCI 两个文件，确定了 RPLMN。

无论自动选网还是手动选网，UE 开机后，首先就会尝试 RPLMN，成功后选择接入技术。选定 PLMN 后，对于每个 PLMN 需要指明优先选用的接入技术。接入技术的优先级就在"...with Access Technology"文件中指出。如果没有指出，那么一般而言，优先选用的是 GERAN。

当 PLMN 选定之后，就要进行小区选择，目的是选择一个属于这个 PLMN 的信号最好的小区。

首先，如果 UE 存有这个 PLMN 的一些相关信息（如频率、扰码等），UE 就会首先使用这些信息进行小区搜索（Stored information cell selection）。这样就可以较快地找到网络。

因为，大多数情况下，UE 都是在同一个地点关机和开机、比如晚上关机、早晨开机等。这些信息保存在 SIM 卡中或者在手机的 non-volatile memory 中。

如果 UE 尝试 RPLMN 不成功，UE 就按照上述有优先级的 PLMN 列一个一个地搜索并尝试位置登记。

① UE 从 USIM 卡文件 EFIMSI 中获取 HPLMN。

② UE 从 USIM 卡文件 EFPLMNwAcT 中获取 PLMN。

③ UE 从 USIM 卡文件 EFOPLMNwACT 中获取 PLMN。

④ UE 搜索信号质量较好的 PLMN。

注意：在测试或日常投诉中出现某些用户投诉"无法驻留"或"注册很慢"的问题，往往都是由于"水货"收集的 PLMN 搜索与选网机制遵循海外某些运营商定制标准造成的。可建议用户使用"手动搜索"功能，直接驻留相应网络。

4.2.2 系统消息广播流程

接收系统消息广播是所有 UE 驻留网络的第一个流程，如图 4.11 所示。

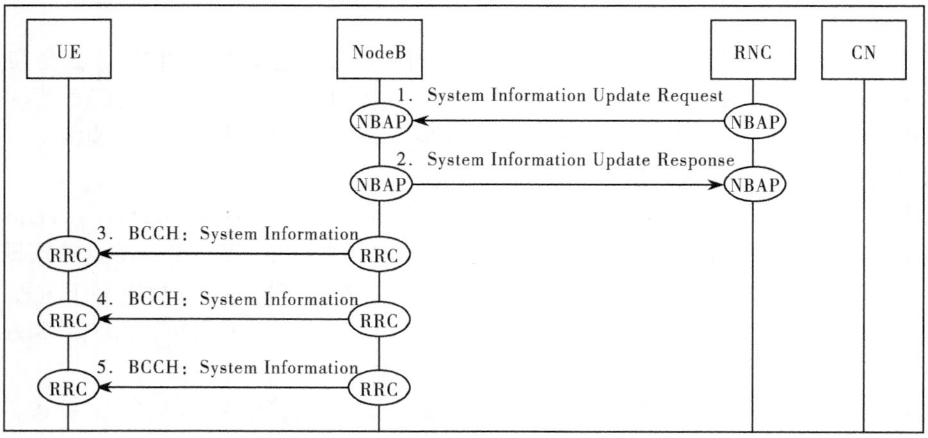

图 4.11　UE 驻留网络的第一个流程

系统广播消息流程是由网络广播给移动台的，是一个单向的流程，路测的时候经常看到一些 SYSTEM INFORMATION BLOCK 刷屏就是我们所说的系统消息流程。

系统广播消息有非常多种类，一共是 18 种，从 SIB1 到 SIB18。

各类 SIB 的功能描述如下：

SIB1：包含 NAS 系统信息（如 CN 信息）以及 UE 在空闲和连接模式下使用的各类定时器和计数器。范围是 PLMN。

SIB2：包含 URA 信息。

SIB3：包含小区选择和重选参数。

SIB4：包含 UE 在连接模式下的小区选择和重选参数。

SIB5：包含小区公共物理信道的配置参数。

SIB6：包含 UE 在连接模式下的小区公共和共享物理信道的配置参数。

SIB7：包含快速变化的参数（上行干扰和动态坚持水平（Dynamic persistence level））。

SIB8：包含小区中静态的 CPCH 信息。仅用于 FDD。

SIB9：包含小区中 CPCH 信息。仅用于 FDD。

SIB10：包含 UE 的 DCH 由 DRAC 过程控制的信息。仅用于 FDD。

SIB11：包含小区中测量控制信息。

SIB12：包含连接模式下 UE 测量控制信息。

SIB13：包含 ANSI-41 有关信息。

SIB14：包含公共和专用物理信道上行外环控制参数。仅用于 TDD。

SIB15：包含基于 UE 的或者 UE 辅助的定位方法的有关信息。

SIB16：包含无线承载、传输信道和物理信道参数，这些参数将存储在 UE（无论空闲还是连接模式）中，在 UE 切换到 UTRAN 时使用。范围是 PLMN。

SIB17：包含连接模式下配置共享物理信道的快速变化参数。仅用于 TDD。

SIB18：包含邻近小区的 PLMN 标识。

4.2.3 寻呼流程

CN 发送寻呼消息，指定 UE 与寻呼区（CN 负责寻呼消息的重发）。SRNC 根据 UE 的状态发送相应的寻呼消息。与固定通信不同，移动通信中的通信终端的位置不是固定的，为了建立一次呼叫，核心网（CN）通过 Iu 接口向 UTRAN 发送寻呼消息，UTRAN 则将 CN 寻呼消息通过 Uu 接口上的寻呼过程发送给 UE，使得被寻呼的 UE 发起与 CN 的信令连接建立过程。

当 UTRAN 收到某个 CN 域（CS 域或 PS 域）的寻呼消息时，首先需要判断 UE 是否已经与另一个 CN 域建立了信令连接。如果没有建立信令连接，那么 UTRAN 只能知道 UE 当前所在的服务区，并通过寻呼控制信道将寻呼消息发送给 UE，这就是 PAGING TYPE 1 消息；如果已经建立信令连接，在 Cell_DCH 或 Cell_FACH 状态下，UTRAN 就可以知道 UE 当前活动于哪种信道上，并通过专用控制信道将寻呼消息发送给 UE，这就是 PAGING TYPE 2 消息。因此针对 UE 所处的模式和状态，寻呼可以分为以下两种类型：

1. 寻呼空闲模式或 PCH 状态下的 UE

CN 发送寻呼消息，指定 UE 与寻呼区（CN 负责寻呼消息的重发）。SRNC 根据 UE 的状态发送相应的寻呼消息。当系统消息发生改变时，UTRAN 发起空闲模式、Cell_PCH 和 URA_PCH 状态下的寻呼，以触发 UE 读取更新后的系统信息，如图 4.12 所示。

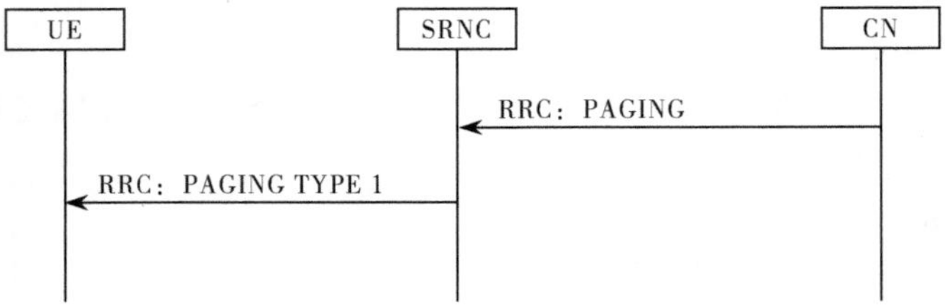

图 4.12　寻呼空闲模式和 PCH 状态下的 UE

UTRAN 通过在 PCCH 上一个适当的寻呼时刻发送一条 PAGING TYPE 1 消息来启动寻呼过程，该寻呼时刻和 UE 的 IMSI 有关。UTRAN 可以选择在几个寻呼时机重复寻呼一个 UE，以增加 UE 正确接收寻呼消息的可能。

2. **寻呼 Cell_DCH 或 Cell_FACH 状态下的 UE**

这一类型的寻呼过程用于向处于连接模式 Cell_DCH 或 Cell_FACH 状态的某个 UE 发送专用寻呼信息。对于处于连接模式 Cell_DCH 或 Cell_FACH 状态的 UE，UTRAN 通过在 DCCH（专用控制信道）上发送一条 PAGING TYPE 2 消息来发起寻呼过程。这种寻呼又称专用寻呼过程，如图 4.13 所示。

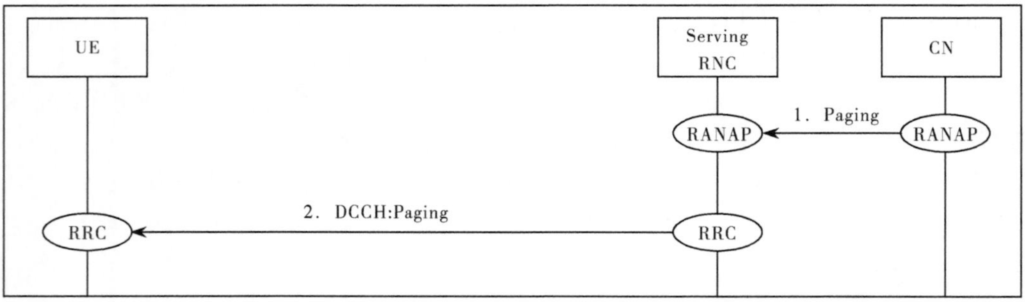

图 4.13　Cell_DCH 或 Cell_FACH 状态下的 UE 寻呼

4.2.4　呼叫流程

1. 基本概念及流程

1）基本概念

UE 要接受网络服务，必须首先在接入层和 UTRAN 建立 RRC 连接。随机接入发起 RRC CONN REQ，建立 UTRAN 分配的信道。然后再利用该接入层连接与核心网进行非接入层的信令交互。

- RRC 连接。RRC 连接是 UE 与 UTRAN 的 RRC 协议层之间建立的一种双向点到点的连接。对一个 UE 来说，至多存在一条 RRC 连接。RRC 连接在 UE 与 UTRAN 之间传输无线网络信令，如进行无线资源的分配等。RRC 连接在呼叫建立之初建立，在通话结束后释放，并在期间一直维持。

- Iu 信令连接。如果说 RRC 连接建立了 UE 与 UTRAN 之间的信令通路，那么 Iu 信令连接则是建立了 UE 与 CN 之间的信令通路。Iu 信令连接主要传输 UE 与 CN 之间非接入层信令。在 UTRAN 中，非接入层信令是通过上下行直接传输信令透明传输的。
- 鉴权。出于网络安全性能考虑，在呼叫建立时，网络必须对 UE 进行鉴权。

2）总体流程

电路交换业务起呼流程主要有以下几个基本过程：

（1）建立 RRC 连接

起呼时，首先由 UE 的 RRC 接收到非接入层的请求发送 RRC 连接建立请求消息给 UTRAN，在该消息中包含被叫 UE 号码、业务类型等。UTRAN 接收到该消息后，根据网络情况分配无线资源，并在 RRC CONNECTION SETUP 消息中发送给 UE，UE 将根据消息配置各协议层参数，同时返回确认消息。

RRC 连接建立有两种情况：公共信道上的 RRC 连接建立和专用信道上的 RRC 连接建立。两者的区别在于 RRC 连接使用的传输信道不同，因而连接建立的流程有所区别。

（2）Iu 信令连接的建立

在 RRC 连接建立后，UE 将向 CN 发送业务请求。此时 UE 的 RRC 发送 INITIAL DIRECT TRANSFER 消息，在该消息中包含非接入层的信息（CM SERVICE REQUEST）。RNC 接收到该消息后，RNC 的 RANAP 发送 INITIAL UE MESSAGE，将 UE 的非接入层消息透明转发给 CN，在该消息发送的同时建立 Iu 信令连接。在 Iu 信令连接建立后，UE 和 CN 之间的非接入层消息传输使用 DOWNLINK DIRECT TRANSFER 和 UPLINK DIRECT TRANSFER 消息进行。

（3）鉴权

Iu 信令连接建立后，CN 需要对 UE 进行鉴权。鉴权是非接入层功能，UTRAN 中透明传输。

（4）RAB 的建立

UE 业务请求被网络接收后，CN 将根据业务情况分配无线接入承载（RAB）。同时在空中接口将建立相应的无线承载（RB）。

注意：若在 RRC 连接建立中建立了无线链路，则需要进行上述无线链路的重配置过程，若在 RRC 连接中没有建立无线链路，即建立了公共信道上的 RRC 连接时，则在此应进行无线链路建立的过程。

（5）等待应答

此时 UE 将等待被呼叫方应答，进入通话状态。

2. 呼叫流程的具体分析

1）RRC 连接建立流程

UE 处于空闲模式下，当 UE 的非接入层请求建立信令连接时，UE 将发起 RRC 连接建立过程。每个 UE 最多只有一个 RRC 连接。

当 SRNC 接收到 UE 的 RRC CONNECTION REQUEST 消息，由其无线资源管理模块（RRM）根据特定的算法确定是接受还是拒绝该 RRC 连接建立请求，如果接受，则再判决是建立在专用信道还是公共信道。对于 RRC 连接建立使用不同的信道，则 RRC 连接建立流程也不一样。

（1）RRC 连接建立在专用信道上（见图 4.14）

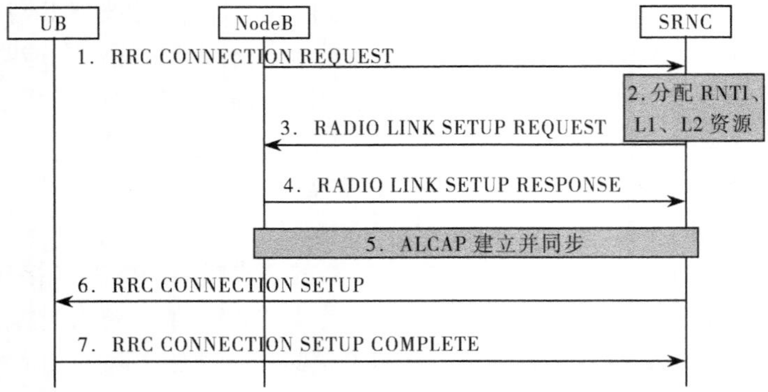

图 4.14　RRC 连接建立在专用信道上的信令流程

RRC 连接建立在专用信道上的信令流程说明：

① UE 在上行 CCCH 上发送一个 RRC CONNECTION REQUEST 消息，请求建立一条 RRC 连接。

② SRNC 根据 RRC 连接请求的原因以及系统资源状态，决定 UE 建立在专用信道上，并分配 RNTI 和 L1、L2 资源。

③ SRNC 向 NodeB 发送 RADIO LINK SETUP REQUEST 消息，请求 NodeB 分配 RRC 连接所需的特定无线链路资源。

④ NodeB 资源准备成功后，向 SRNC 应答 RADIO LINK SETUP RESPONSE 消息。

⑤ SRNC 使用 ALCAP 协议发起 Iub 接口用户面传输承载的建立，并完成 RNC 于 NodeB 之间的同步过程。

⑥ SRNC 在下行 CCCH 向 UE 发送 RRC CONNECTION SETUP 消息。

⑦ UE 在上行 DCCH 向 SRNC 发送 RRC CONNECTION SETUP COMPLETE 消息。

至此，RRC 连接建立过程结束。

（2）RRC 连接建立在公共信道上

当 RRC 连接建立在公共信道上时，因为用的是已经建立好的小区公共资源，所以这里无须建立无线链路和用户面的数据传输承载，其余过程与 RRC 连接建立在专用信道相似。RRC 连接建立在公共信道上的信令流程如图 4.15 所示。

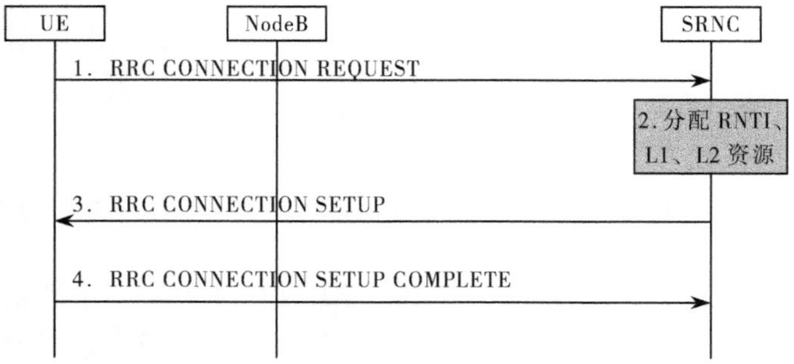

图 4.15　RRC 连接建立在公共信道上的信令流程

2）信令建立流程

信令建立流程是在 UE 与 UTRAN 之间的 RRC 连接建立成功后，UE 通过 RNC 建立与 CN 的信令连接，又称“NAS 信令建立流程”，用于 UE 与 CN 的信令交互 NAS 信息，如鉴权、业务请求、连接建立等。

对于 RNC 而言，UE 与 CN 交互的信令都是直传消息。RNC 在收到第一条直传消息时，即初始直传消息（Initial Direct Transfer），将建立与 CN 之间的信令连接，该连接建立在 SCCP 之上。流程如图 4.16 所示。

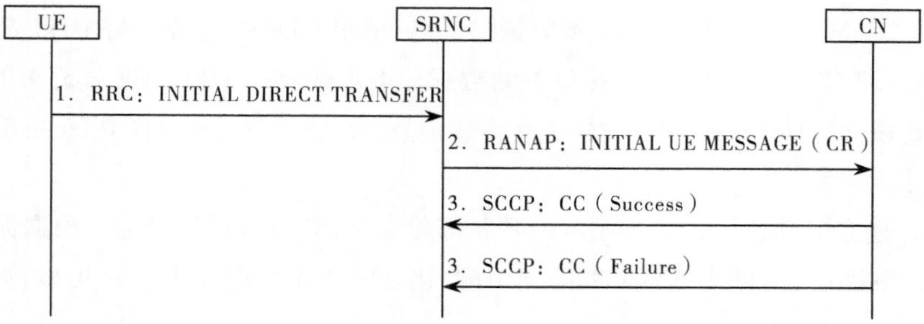

图 4.16　信令建立过程

具体流程如下：

① RRC 连接建立后，UE 通过 RRC 连接向 RNC 发送初始直传消息（INITIAL DIRECT TRANSFER），消息中携带 UE 发送到 CN 的 NAS 信息内容。

② RNC 接收到 UE 的初始直传消息，通过 Iu 接口向 CN 发送 SCCP 连接请求消息（CR），消息数据为 RNC 向 CN 发送的初始 UE 消息（INITAL UE MESSAGE），该消息带有 UE 发送到 CN 的消息内容。

③ 如果 CN 准备接受连接请求，则向 RNC 回 SCCP 连接证实消息（CC），SCCP 连接建立成功。RNC 接收到该消息，确认信令连接建立成功；如果 CN 不能接受连接请求，则向 RNC 回 SCCP 连接拒绝消息（CJ），SCCP 连接建立失败。RNC 接收到该消息，确认信令连接建立失败，则发起 RRC 释放过程。

信令连接建立成功后，UE 发送到 CN 的消息，通过上行直传消息（Uplink Direct Transfer）发送到 RNC，RNC 将其转换为直传消息（Direct Transfer）发送到 CN；CN 发送到 UE 的消息通过直传消息（Direct Transfer）发送到 RNC，RNC 将其转换为下行直传消息（Downlink Direct Transfer）发送到 UE，如图 4.17 所示。

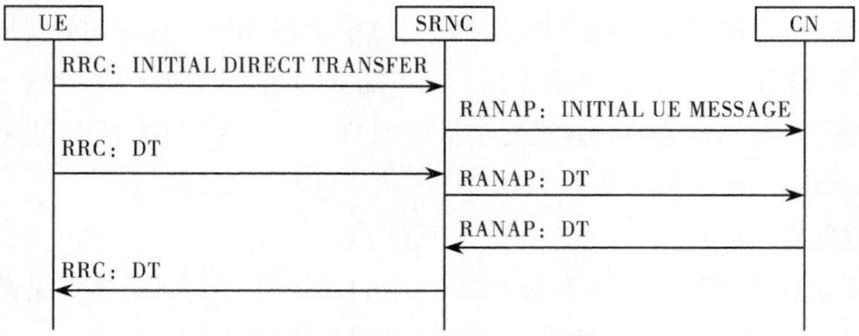

图 4.17　信令连接建立成功

3）RAB 建立流程

RAB 是指用户平面的承载，用于 UE 和 CN 之间传送语音、数据及多媒体业务。UE 首先要完成 RRC 连接建立，然后才能建立 RAB。RAB 建立成功以后，一个基本的呼叫即建立。

- IU 接口上的 ALCAP 建立过程有多次，允许几个 RAB 就建立几条。
- Iub 接口上的 ALCAP 建立过程也有多次，增加几个 DCH 就建立几条，还可以修改。
- RAB ASSIGNMENT RESPONSE 可以有多条。可以开始通话了。

RAB 建立是由 CN 发起，UTRAN 执行的功能，基本流程为：

首先由 CN 向 UTRAN 发送 RAB 指配请求消息，请求 UTRAN 建立 RAB；UTRAN 中的 SRNC 发起建立 Iu 接口与 Iub 接口（Iur 接口）的数据传输承载；SRNC 向 UE 发起 RB 建立请求；UE 完成 RB 建立，向 SRNC 回应 RB 建立完成消息；SRNC 向 CN 应答 RAB 指配响应消息，结束 RAB 建立流程。

当 RAB 建立成功以后，一个基本的呼叫即建立，UE 进入通话过程。根据无线资源使用情况（RRC 连接建立时的无线资源状态与 RAB 建立时的无线资源状态），可以将 RAB 的建立流程分成以下三种情况：

① DCH-DCH：RRC 使用 DCH，RAB 准备使用 DCH，分为同步和异步。

② RACH/FACH-RACH/FACH：RRC 使用 CCH，RAB 准备使用 CCH。

③ RACH/FACH-DCH：RRC 使用 CCH，而 RAB 准备使用 DCH。

下面给出以上不同情况下的 RAB 建立流程的具体过程描述。

UE 当前的 RRC 状态为专用传输信道（DCH）时，指配的 RAB 只能建立在专用传输信道上。根据无线链路（RL）重配置情况，RAB 建立流程可分为同步重配置 RL（DCH-DCH）与异步重配置 RL（DCH-DCH）两种情况，二者的区别在于 NodeB 与 UE 接收到 SRNC 下发的配置消息后，能否立即启用新的配置参数：

（1）同步重配置 RL

在同步情况下，NodeB 与 UE 在接收到 SRNC 下发的配置消息后，不能立即启用新的配置参数，而是从消息中获取 SRNC 规定的同步时间，在同步时刻，同时启用新的配置参数；异步情况下，NodeB 与 UE 在接收到 SRNC 下发的配置消息后，将立即启用新的配置参数。

DCH-DCH 同步情况下，需要 SRNC、NodeB 与 UE 之间同步重配置 RL：NodeB 在接收到 SRNC 下发的重配置 RL 消息后，不能立即启用新的配置参数，而是准备好相应的无线资源，等待接收到 SRNC 下发的重配置执行消息，从消息中获取 SRNC 规定的同步时间。

UE 在接收到 SRNC 下发的配置消息后，也不能立即启用新的配置参数，而是从消息中获取 SRNC 规定的同步时间；在 SRNC 规定的同步时刻，NodeB 与 UE 同时启用新的配置参数。

图 4.18 所示为 RAB 建立流程中 DCH-DCH 同步重配置 RL 的过程。

（2）异步重配置 RL

在 DCH-DCH 异步情况下，不要求 SRNC、NodeB 与 UE 之间同步重配置 RL：NodeB 与 UE 在接收到 SRNC 下发的配置消息后，将立即起用新的配置参数。

图 4.19 所示为 RAB 建立流程中 DCH-DCH 异步重配置 RL 的例子。

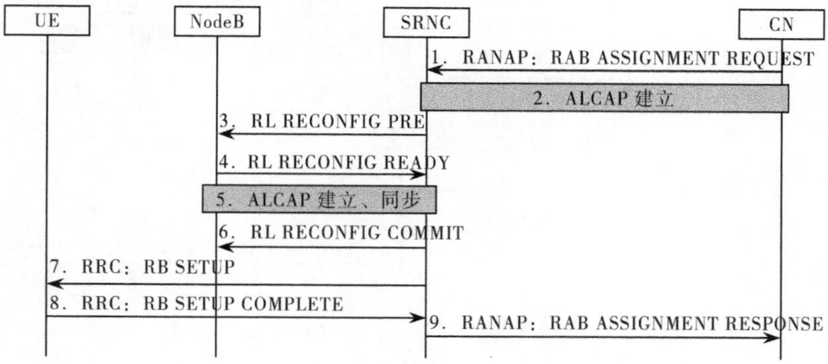

图 4.18　RAB 建立流程（DCH-DCH，同步）

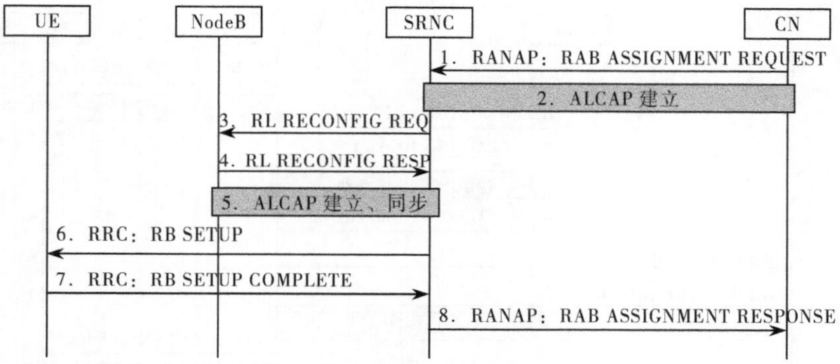

图 4.19　RAB 建立流程（DCH-DCH，异步）

（3）RACH/FACH-RACH/FACH

图 4.20 所示为指配的 RAB 建立在公共信道上的例子。

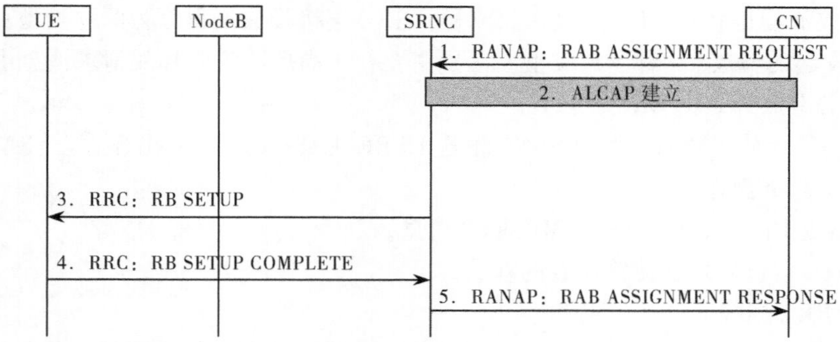

图 4.20　RAB 建立流程（RACH/FACH-RACH/FACH）

（4）RACH/FACH-DCH

当 UE 的 RRC 状态在公共信道时，RNC 根据 RAB 指配消息中的 QoS 参数，可以将指配的 RAB 建立在公共信道（RACH/FACH）或专用信道（DCH）上。

图 4.21 所示为将指配的 RAB 建立在专用信道上的例子。

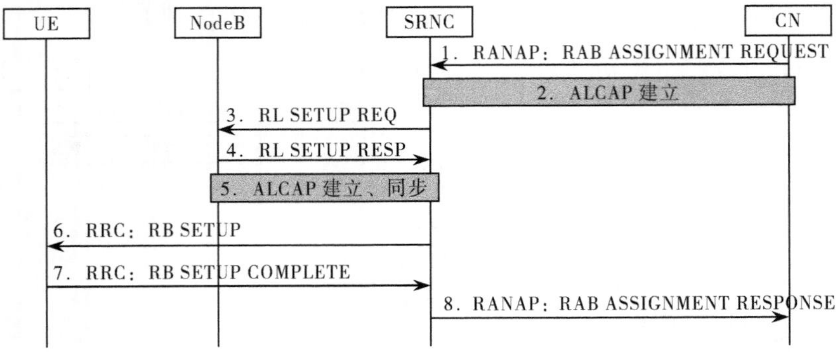

图 4.21　RAB 建立流程（RACH/FACH-DCH）

4）RAB 修改流程

RAB 的修改（见图 4.22）实际上是用户面业务的参数，如速率等发生改变。

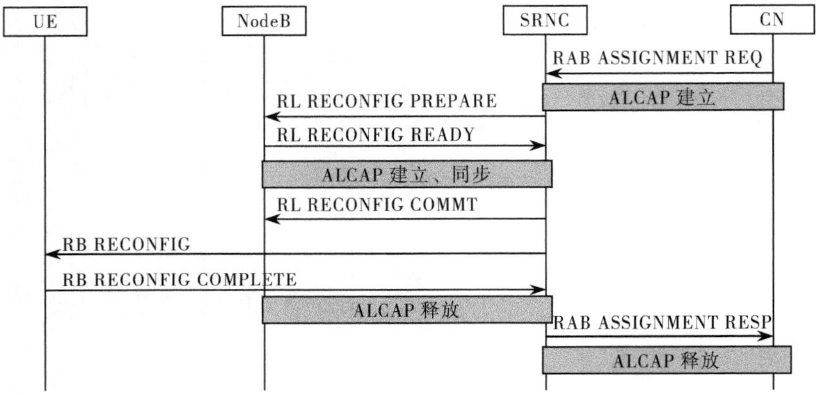

图 4.22　RAB 修改流程

5）RRC 连接释放流程

呼叫释放流程也就是 RRC 连接释放流程。RRC 连接释放流程分为两种类型：UE 发起的释放和 CN 发起的释放。两种释放类型的区别主要在于高层的呼叫释放请求消息由谁先发出，但最终的资源释放都是由 CN 发起的。

当 CN 决定释放呼叫后，将向 SRNC 发送 IU RELEASE COMMAND 消息。SRNC 收到该释放命令后，有如下操作步骤：

- 向 CN 返回 IU RELEASE COMPLETE 消息；
- 发起 IU 接口用户面传输承载的释放；
- 释放 RRC 连接。

RRC 释放就是释放 UE 和 UTRAN 之间的信令链路以及全部无线承载。根据 RRC 连接所占用的资源情况，可进一步划分为两类：释放建立在专用信道上的 RRC 连接和释放建立在公共信道上的 RRC 连接。

（1）释放建立在专用信道上的 RRC 连接

释放过程一般由 CN 发起；当然在 UE 异常情况下，SRNC 也可以请求释放。首先释放 UE 的连接，然后再释放与 NodeB 的连接。RRC 释放，就是呼叫的结束，如图 4.23 所示。

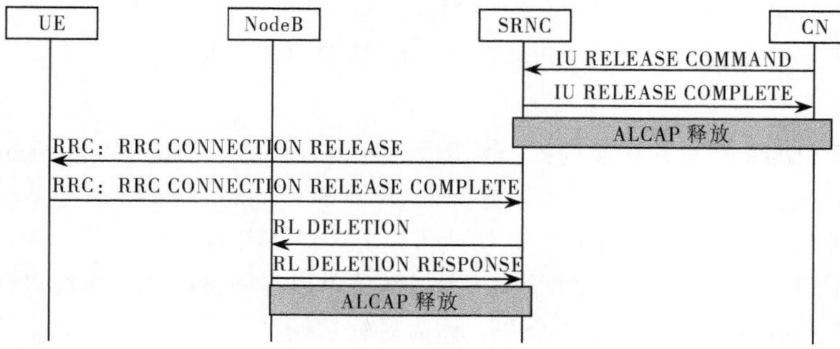

图 4.23　释放建立在专用信道上的 RRC 连接

（2）释放建立在公共信道上的 RRC 连接

释放建立在公共信道上的 RRC 连接时，因为此时用的是小区公共资源，所以直接释放 UE 即可，无须释放 NodeB 的资源，当然也没有数据传输承载的释放过程，如图 4.24 所示。

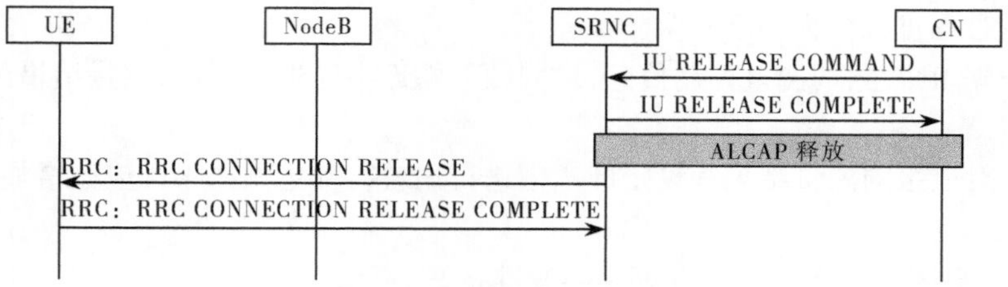

图 4.24　释放建立在公共信道上的 RRC 连接

当不再有信令交互的时候，需要释放 RRC 连接。同时释放所有分配给特定 UE 的资源（空中和地面）；RRC 连接释放以后，UE 返回空闲模式；分组业务的用户可能一直处于连接模式。

6）PS 起呼流程

分组交换业务起呼流程有以下几个基本过程：

① 建立 RRC 连接。

② Iu 信令连接的建立。

③ UE 的鉴权和安全模式控制。

④ ATTACH。建立 UE 和服务 GPRS 业务结点（SGSN）之间的逻辑连接。

⑤ 业务请求及分组数据协议（PDP）激活。UE 非接入层发送业务请求，并激活 PDP。

⑥ RAB 的建立。UE 业务请求被网络接收后，CN 将分配无线接入承载（RAB）。在空中接口将建立相应的无线承载（RB）。

⑦ 等待应答。UE 等待 CN 响应。当 UE 接收到 PDP RESPONSE 消息，此时可以发送接收 IP 数据包。

4.2.5　切换流程

切换可以分为软切换、更软切换、硬切换和前向切换。具体为：

- 软切换：并不立即中断与原来小区间的通信。
- 更软切换：发生在一个小区内不同扇区间的软切换，RNC 不参与。

- 硬切换：异频、先中断与原小区间的通信。
- 前向切换：UE 发起的 CELL UPDATE、URA UPDATE 过程。

1. **软切换**

软切换是 WCDMA 特有的切换过程。软切换的过程对应测量控制（Measurement Control）、测量报告（Measurement Report）、激活集更新（Active Set Update）等信令流程。

软切换根据小区之间位置的不同，软切换可以分为以下几种情况。

① NodeB 内不同小区之间。这种情况，无线链路可以在 NodeB 内，也可以到 SRNC 再进行合并，如果在 NodeB 内部就完成了合并，称为更软切换。

② 不同 NodeB 之间。

③ 不同 RNC 之间。

软切换中一个重要问题就是多条无线链路的合并，WCDMA 中使用宏分集（Macro Diversity）技术对无线链路进行合并，就是根据一定的标准（如误码率）对来自不同无线链路的数据进行比较，选取质量较好的数据发给上层。

软切换的过程可以分为以下几个步骤：

① UE 根据 RNC 给的测量控制信息，对同频的邻近小区进行测量，测量结果经过处理后，上报给 RNC。

② RNC 对上报的测量结果和设定的阈值进行比较，确定哪些小区应该增加，哪些应该删除；

③ 如果有小区需要增加，先通知 NodeB 准备好。

④ RNC 通过活动集更新消息，通知 UE 增加和/或删除小区。

⑤ 在 UE 成功进行了活动集更新后，如果删除了小区，则通知 NodeB 释放相应的资源。

在进行软切换的过程中，原来的通信不受影响，所以能够完成从一个小区到另一个小区的平滑切换。

2. **硬切换**

当邻近小区属于异频小区时，不能进行软切换，这时可以进行硬切换，硬切换过程就是先中断跟原来小区的通信，然后再从新的小区接进来，因此它的性能不如软切换，所以一般在不能进行软切换的时候，才会考虑硬切换。

硬切换的目标小区可以没有经过测量，适合于紧急情况下的硬切换，失败率较高；更常见的硬切换同样也要对目标小区先进行测量，但一般 UE 只配一个解码器，不能同时对两个频点的信号进行解码，所以为了 UE 能进行异频测量，在 WCDMA 中引入了压缩模式技术。

跟软切换类似，硬切换根据原小区和目标小区的位置关系，分为以下几种：

① 同一个小区内，FDD 和 TDD 方式之间的硬切换。

② NodeB 内的小区之间。

③ 不同 NodeB 的小区之间。

④ 不同 RNC 的小区之间。

通常不同 RNC 之间发生硬切换时，两个 RNC 之间都存在 IUR 接口，否则就需要通过伴随迁移（Relocation）来完成硬切换。

UU 接口有 5 个信令过程都能够完成硬切换：

- 物理信道重配置（PHYSICAL CHANNEL RECONFIGURATION）；
- 传输信道重配置（TRANSPORT CHANNEL RECONFIGURATION）；
- RB 建立过程（RADIO BEAR SETUP）；
- RB 释放过程（RADIO BEAR RELEASE）；
- RB 重配置过程（RADIO BEAR RECONFIGURATION）。

图 4.25 所示为同 RNC 下的物理信道重配置的小区硬切换流程。

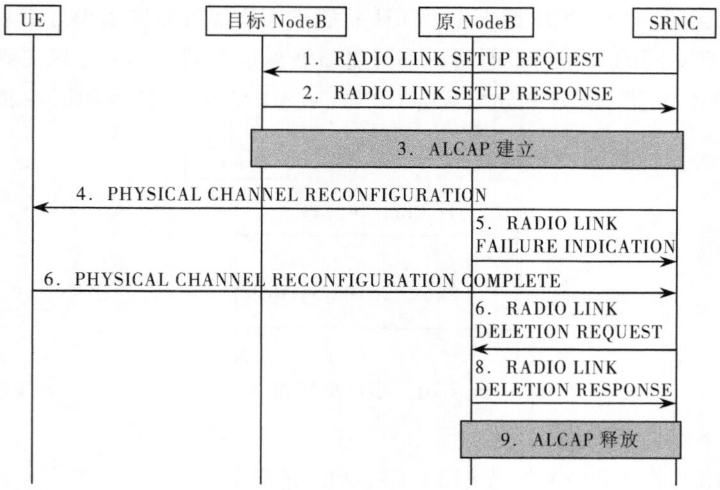

图 4.25 硬切换流程图

信令流程描述如下：

① SRNC 向目标小区所在的 NodeB 发送消息 RADIO LINK SETUP REQUEST，要求其建立一条无线链路。

② 目标小区所在的 NodeB 向 SRNC 应答消息 RADIO LINK SETUP RESPONSE，表明无线链路建立成功。

③ SRNC 采用 ALCAP 协议建立 SRNC 和目标 NodeB 的 IUB 接口传输承载，并且进行 FP 同步。

④ SRNC 通过下行 DCCH 信道向 UE 发送消息 PHYSICAL CHANNEL RECONFIGURATION，消息中给出目标小区的信息。

⑤ 在 UE 从原小区切换到目标小区后，原小区 NodeB 会检测到无线链路失去联系，于是向 SRNC 发送消息 RADIO LINK FAILURE INDICATION，指示无线链路失败。

⑥ UE 在成功切换到目标小区后，通过 DCCH 向 SRNC 发送消息 PHYSICAL CHANNEL RECONFIGURATION COMPLETE，通知 SRNC 物理信道重配置完成。

⑦ SRNC 向原小区所在的 NodeB 发送消息 RADIO LINK DELETION REQUEST，删除原小区的无线链路。

⑧ 原小区所在的 NodeB 完成无线链路资源删除后，向 SRNC 应答消息 RADIO LINK DELETION RESPONSE。

⑨ SRNC 采用 ALCAP 协议释放 SRNC 和原小区所在 NodeB 的 Iub 接口的传输承载。

3. 前向切换

RRC 连接移动性管理中，前向切换是其中的一部分。前向切换分为小区更新和 URA 更新，主要用于当 UE 位置发生改变时及时更新 UTRAN 侧关于 UE 的信息，还可以监视 RRC 的连接、切换 RRC 的连接状态，另外还有错误通报和传递信息的作用。不管是小区更新还是 URA 更新，更新过程均是由 UE 主动发起的。

（1）小区更新

处于 Cell_FACH、Cell_PCH 或 URA_PCH 状态的 UE 都可能发起小区更新过程，对不同的连接状态，会有不同的小区更新原因，小区更新流程也不同。如果小区更新原因是周期性小区更新，且 UTRAN 侧不给 UE 分配新的 CRNTI 或 URNTI，其流程如图 4.26 所示。

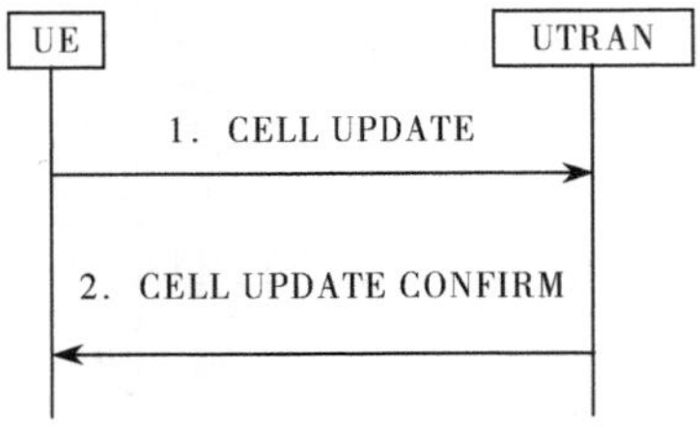

图 4.26　小区更新过程

具体流程如下：

① UE 从 CCCH 向 UTRAN 发送 CELL UPDATE 消息。

② UTRAN 收到 UE 的 CELL UPDATE 消息处理完成后给 UE 发应答消息 CELL UPDATE CONFIRM。UTRAN 侧结束本次小区更新。UE 收到 CELL UPDATE CONFIRM 消息后结束本次小区更新。

（2）URA 更新

URA 更新过程的目的是处于 URA_PCH 状态下的 UE 经过 URA 再选择后用现在的 URA 更新 UTRAN；在没有 URA 再选择发生时该过程也可以用来监视 RRC 连接。一个小区中可以广播几个不同的 URA ID，在一个小区中不同的 UE 可以属于不同的 URA。当 UE 处于 URA_PCH 状态时有且仅有一个有效的 URA。处于 URA_PCH 状态时，如果分配给 UE 的 URA 不在小区中广播的 URA ID 列表中，则 UE 将发起 URA 更新过程。或者 UE 在服务区内，但 T306 超时，则 UE 将发起 URA 更新过程。如果 URA 更新过程中 UTRAN 没有给 UE 分配新的 CRNTI 或 URNTI，其流程如图 4.27 所示。

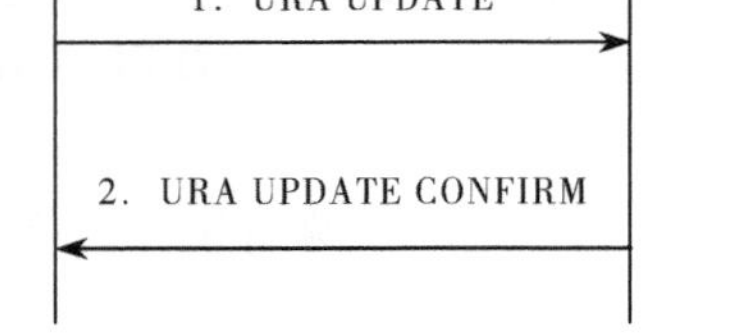

图 4.27　URA 更新过程（没有分配新的 CRNTI 或 URNTI）

具体流程如下：

① UE 从 CCCH 向 UTRAN 发起 URA UPDATE 消息。

② UTRAN 收到 UE 的 URA UPDATE 消息处理完成后给 UE 发应答消息 URA UPDATE CONFIRM，并结束 UTRAN 侧本次 URA 更新。UE 收到 URA UPDATE CONFIRM 消息后，结束本次 URA 更新。

4. **系统间切换**，WCDMA->GSM

WCDMA->GSM 的系统间切换用于 WCDMA CS 域业务切换到 GSM 系统，如图 4.28 所示。目前 RNC 对于 WCDMA CS 域业务 UE 建立在 Cell_DCH 状态。

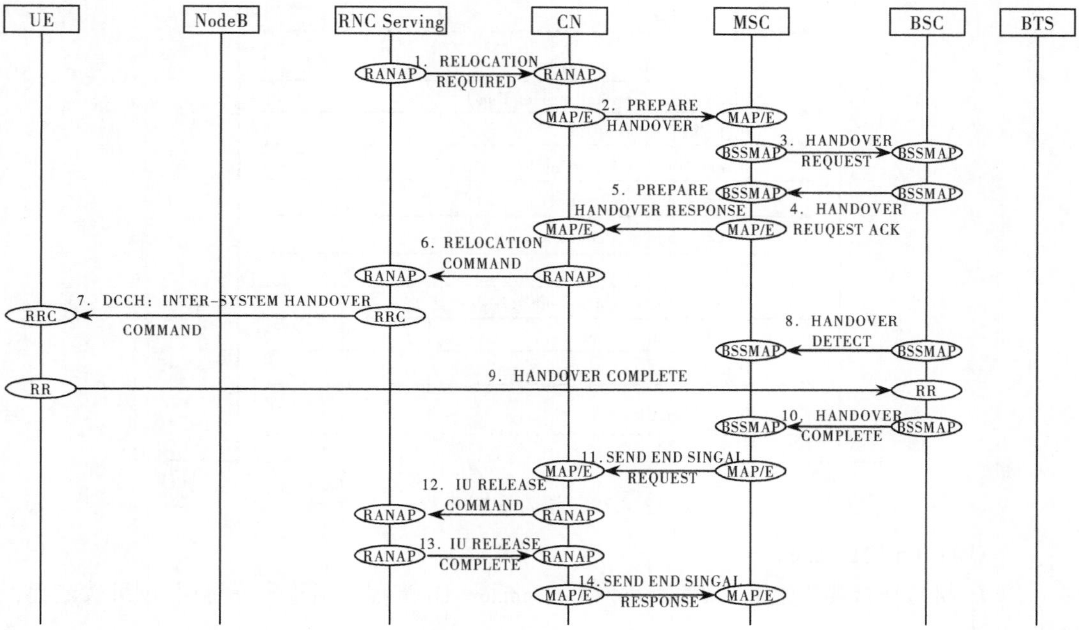

图 4.28　系统间切换，WCDMA->GSM

① RNC 根据当前小区的属性、邻近小区配置属性和对 UE 测量结果等信息，完成切换判决算法。当 RNC 判决 UE 应该进行异系统切换时，向 CN 发送 RELOCATION REQUIRED 消息，触发一次异系统的切换过程。此消息中主要携带目标小区的 CGI、UE 所在 SAI、UE 对于 GSM/GPRS 系统的能力信息等信息。

② 当目标 GSM BSS 为 UE 分配好无线资源以及其他资源后，将此信息通过 CN 转发给源 RNC。CN 发送 RELOCATION COMMAND 给源 RNC。

③ RNC 将 GSM BSS 的信息通过 Uu 接口 HANDOVER FROM UTRAN COMMAND 消息发送给 UE。UE 从此消息中解释出 GSM/BSS 为其分配的无线信道资源信息（频点/时隙号/初始功率等），接入异系统小区。

④ 当 UE 接入异系统小区完成之后。CN 会发送 IU RELEASE COMMAND 给源 RNC。RNC 开始释放 UE 上下文、无线资源以及相关资源。（注：此时因为 UE 已经迁移到 GSM，此处的 RRC 释放流程不用再释放 UE。）

4.2.6 典型业务信令流程

1. 语音主叫流程

UE 主叫流程与 GSM 的 MS 主叫流程基本一致，如图 4.29 所示。UE 发起呼叫的初始消息含在 INITIAL UE MESSAGE 消息的 NAS-PDU 中。

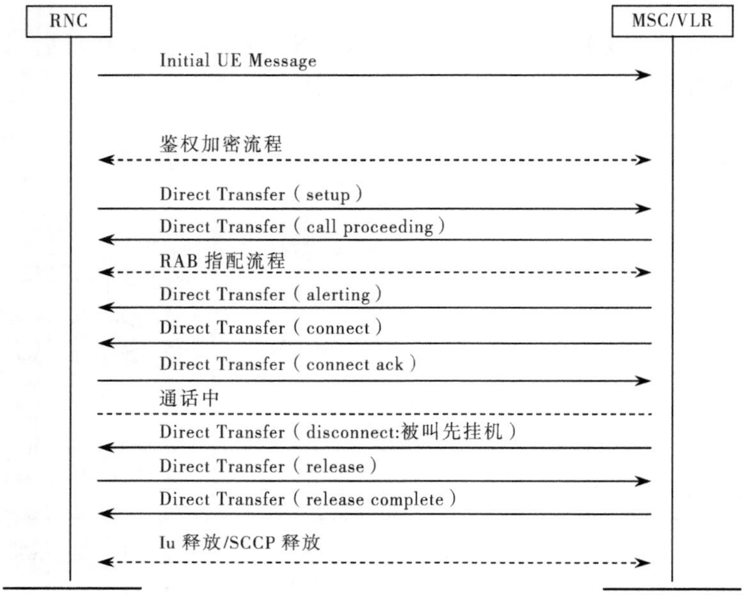

图 4.29　语音主叫流程

① CM：Call Management。

② Iu 接口连接建立之后，CN 可以发起 Common ID 流程，用于寻呼协调。（可选流程，给出 IMSI。）

③ CN 判断此 UE 是否有权限接入：若可以接入，则通过下发鉴权/加密流程表示允许，或直接下发 Direct Transfer（Cm service accept）；否则，CN 发起 Iu 释放流程。

④ 被叫号码在 L3 的 Setup 消息中带上，CN 通过号码分析决定呼叫的属性：出局呼叫 PSTN，局内呼叫等。

⑤ 被叫号码分析成功，下发 call proceeding，并启动 RAB 指配流程。

ACM：Address Complete Message，地址全消息。

⑥ 被叫用户振铃后，CN 向 UE 发送 alerting 消息。

ANS: Answer Tone。

⑦ 被叫用户摘机后，CN 向 UE 发送 connect 消息；

⑧ UE 收到 connect 消息之后，回送 connect ack 消息，接通呼叫。

⑨ 呼叫结束时，若主叫 UE 先挂机，则主叫 UE 向 CN 发送 disconnect 消息。

若被叫先挂机，则 CN 向主叫 UE 发送 disconnect 消息。

CLF: Clear Forward signal，前向拆线信号（TUP）。

RLG: Release Guard signal，释放监护信号（TUP）。

2. 语音被叫流程

语音被叫流程如图 4.30 所示。

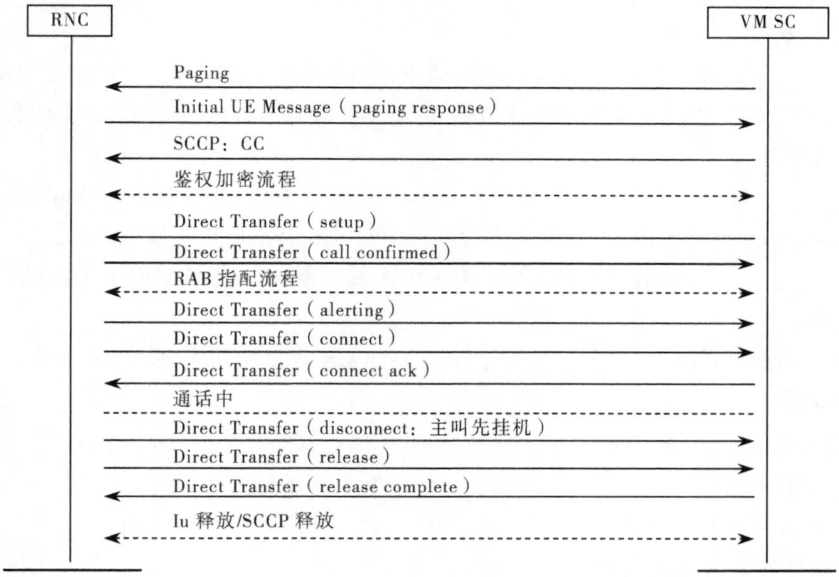

图 4.30　语音被叫流程

习　　题

一、填空题

1. ________（Signaling）是指：在各 WCDMA 系统各网元间传递的，按各层协议封装的，实现网络控制功能的消息体系。与信令相对的是各类业务的实际用户数据信息（Data）。

2. 不同接口上的信令类型、信令格式都存在不同。通常优化测试过程中能直接看到的是________接口（空口）的信令。

3. 协议结构主要由两层组成：________和________。

4. ________接口是 Core Network 与 RNS 间的接口。

5. ________接口是 RNC 间的接口。

6. ________接口是 NodeB 和 RNC 间的接口。

7. ________接口是 RNC 与 UE 间的无线接口。

8. 对于某一个 UE 来说，其与 CN 之间的连接中，直接与 CN 相连，并对 UE 的所有资源进行控制的 RNC 称为该 UE 的________。

9. UE 与 CN 之间的连接中，与 CN 没有连接，仅为 UE 提供资源的 RNC 称为该 UE 的________。

10. 直接和某 NodeB 相连接，对该 NodeB 资源的使用进行控制的 RNC 称为该 NodeB 的 Control RNC，即简称________。

11. ________流程是 UE 和网络建立信令连接的基本前提。

12. ________流程是 UE 和网络发生业务的基本前提。

13. ________流程是 NAS 信令交互的基本前提。

14. ________是 UE 与 UTRAN 的 RRC 协议层之间建立的一种双向点到点的连接。

15. 如果说 RRC 连接建立了 UE 与 UTRAN 之间的信令通路，那么________则是建立了 UE 与 CN 之间的信令通路。

16. ________是在 UE 与 UTRAN 之间的 RRC 连接建立成功后，UE 通过 RNC 建立与 CN 的信令连接，又称“NAS 信令建立流程”，用于 UE 与 CN 的信令交互 NAS 信息，如鉴权、业务请求、连接建立等。

17. ________是 WCDMA 特有的切换过程，包括测量控制（Measurement Control）、测量报告（Measurement Report）、激活集更新（Active Set Update）等信令流程。

18. ________（Forward Handover）是 UE 发起的切换，包括 CELL UPDATE 和 URA UPDATE 过程。

19. WCDMA->GSM 的________用于 WCDMA CS 域业务切换到 GSM 系统。

二、选择题

1. 协议分层中，垂直平面分为（　　）。

A. 控制平面　　B. 用户平面

C. 传输网络控制平面　　D. 传输网络用户平面

2. Uu 接口的主要功能包括（　　）。

A. 传输信道复用和码组合信道解复用　　B. FEC 编解码和交织/去交织

C. 功率加权和物理信道合并　　D. 闭环功率控制

3. Iu 接口的主要功能是（　　）。

A. 移动性管理功能　　B. 无线接入承载（RAB）管理功能

C. Iu 数据传输　　D. FEC 编解码和交织/去交织

4.（　　）接口是 RNC 间的接口。

A. Iur　　B. Iu　　C. Iub　　D. Uu

5. WCDMA 中，UE 有两种基本的运行模式：（　　）。

A. 空闲模式（Idle Mode）　　B. 开机模式

C. 连接模式（Connected Mode）　　D. 关机模式

6. UE 上下行都没有数据传送，需要监听 PICH，以便收听寻呼，因此 UE 此时进入非连续接收，可有效地节电。UTRAN 准确地知道 UE 所位于的小区，这样，UE 所位于的小区变化后，UTRAN 需要更新 UE 的小区信息。此时 UE 处于（　　）状态。

A. Cell-DCH　　B. Cell-FACH

C. Cell-PCH　　D. URA-PCH

7. UE 处于激活状态，但是上下行都只有少量的数据需要传输，不需要为此 UE 分配专用的信道，下行数据在 FACH 上传输，上行数据在 RACH 上传输，下行需要随时监听 FACH 上是否有自己的信息，UTRAN 准确地知道 UE 所位于的小区，保留了 UE 所使用的资源，所处的状态等信息。此时 UE 处于（　　）状态。

A. Cell-DCH　　B. Cell-FACH　　C. Cell-PCH　　D. URA-PCH

8. UE 处于激活状态，正在利用自己专用的信道进行通信，上下行都具有专用信道，UTRAN 准确地知道 UE 所位于的小区，此时 UE 处于（　　）状态。

A. Cell-DCH　　B. Cell-FACH　　C. Cell-PCH　　D. URA-PCH

9. UE 上下行都没有数据传送，需要监听 PICH，进入非连续接收，UTRAN 只知道 UE 所位于的 URA（UTRAN Registration Area，一个 URA 包含多个小区），也就是说，UTRAN 只在 UE 位于的 URA 发生变化后才更新其位置信息，这样更加节约了资源，减少了信令。此时 UE 处于（　　）状态。

A. Cell-DCH　　B. Cell-FACH　　C. Cell-PCH　　D. URA-PCH

10. 小区选择的过程有（　　）。

A. 小区搜索　　B. PLMN 选择　　C. 读广播信道　　D. 寻呼流程

11.（　　）包含用于小区选择和重选的参数。

A. SIB1　　B. SIB2　　C. SIB3　　D. SIB6

12. 信令（　　）是把 UE 的测量结果上报给 UTRAN。

A. Measurement Report　　B. HandoverFromUTRANCommand-GSM

C. Handover Complete

13. 信令（　　）是切换到 GSM 系统。

A. Measurement Report　　B. HandoverFromUTRANCommand-GSM

C. Handover Complete

14. 信令（　　）是完成切换到 GSM 系统。

A. Measurement Report　　B. HandoverFromUTRANCommand-GSM

C. Handover Complete

15. RAB 建立流程包括（　　）。

A. RAB 建立流程（DCH-DCH，同步）

B. RAB 建立流程（DCH-DCH，异步）

C. RAB 建立流程（RA/FA-RA/FA）

D. RAB 建立流程（RA/FA-DCH）

三、判断题

1. 处于连接状态的 UE 必须而且只能有一个 SRNC 和一个 DRNC。（　　）

2. 当 UE 完成 RRC 连接建立时，UE 才从空闲模式转移到连接模式；在连接模式下，UE 有四种状态：Cell-DCH、Cell-FACH、Cell-PCH、URA-PCH。（　　）

3. 接收系统消息广播是所有 UE 驻留网络的第二个流程。（　　）

4. PLMN 选择和重选的模式有两种：自动和手动。（　　）

5. Paging Type 2 是 UE 在 Idle 状态或 Cell_PCH 或 URA_PCH 状态下网络下发的寻呼消息。（　　）

6. Paging Type 2 是 UE 在 Cell_DCH 或 Cell_FACH 状态下的网络下发的寻呼消息。（　　）

7. UE 处于空闲模式时，如果 UE 请求建立信令连接，UE 将发起 RRC 连接建立请求过程。（　　）

8. RRC建立流程可以在公共信道上，也可以在专用信道上。 ( )

9. RRC释放流程，其释放过程一般由CN发起；当然在UE异常情况下，SRNC也可以请求释放。 ( )

10. IU接口上的ALCAP建立过程有多次，允许几个RAB只能建立一条。 ( )

11. RAB的修改实际上是用户面业务的参数，如速率等发生改变。 ( )

12. RAB是指用户平面的承载，用于UE和CN之间传送语音、数据及多媒体业务。RAB建立成功以后，一个基本的呼叫即建立。 ( )

13. 硬切换并不立即中断与原来小区间的通信；软切换发生在异频，并先中断与原小区间的通信。 ( )

14. 更软切换是发生在一个小区内不同扇区间的软切换，RNC不参与。 ( )

15. 硬切换包括同频硬切换、异频硬切换、异系统间硬切换。 ( )

16. 在UE侧，无线链路是“先断后通”，能做到无缝切换。 ( )

17. UE主叫流程与GSM的MS主叫流程基本一致；UE发起呼叫的初始消息含在Initial UE message消息的NAS-PDU中。 ( )

18. 被叫号码分析成功，下发Call proceeding，并启动RAB指配流程。 ( )

四、简答题

1. 简述手机开机流程。
2. 简述系统消息广播流程。
3. 简述寻呼流程。
4. 简述呼叫流程。
5. 简述切换流程。
6. 画出语音主叫和被叫信令流程的示意图。

第5章 WCDMA 网络性能分析方法

5.1 WCDMA 网络优化目标与方法

5.1.1 WCDMA 网络优化目标

WCDMA 网络作为一个干扰受限系统，优化的核心是通过合理地控制覆盖和调节参数，使得网络的干扰最小，通过控制干扰，提高 Ec/Io 来保持覆盖、容量、质量之间的平衡。为了实现网络优化目标而制定的性能指标，通过 RSCP、Ec/Io、软切换因子的设置，表征这个网络有一个合理的覆盖。

网络优化的目标，就是通过网络质量和各种业务的指标来体现的。

网络优化各阶段的优化目标为：

- 单站功能验证：天馈连接正确；软硬件工作正常；参数设置正确。
- RF 优化：减小覆盖盲点；消除导频污染；调整邻区关系；调整软切换因子。
- 业务优化：调整业务覆盖区；满足 KPI 要求；针对业务特殊策略实施优化。

RF 优化的重点是解决信号覆盖、导频污染和路测软切换比例等问题，而在实际项目运作中，各运营商对于 KPI 的要求、指标定义和关注程度也千差万别，因此 RF 优化目标应该是满足合同或规划报告中覆盖和切换 KPI 指标要求，指标定义应当依据合同要求定义，如表 5.1 所示。

表 5.1　KPI 指标要求

项　　目	要　　求		备　　注
CPICH RSCP	目标	≥ －85 dBm	室外测试
	最小值	−95 dBm	
CPICH Ec/Io	目标	≥ −8 dB	空载网络
	最小值	－14 dB	
Active Set size（估计）	目标	≤ 3	基于接收机数据
导频污染（Pilot pollution）	最大百分比	10%	本小区被判断导致导频污染的时间必须少于最大百分比×观察时间
	门限	8 dB	相对于最佳服务小区同时本小区不在激活集中
UE Tx power	最大值	10 dBm	假设最大发射功率 21 dBm
SHO 成功率	目标	>95 %	针对 1a, 1b & 1c 时间

5.1.2 RF 优化方法与措施

1. RF 优化方法

① 无覆盖小区分析。这可能表明某个站点在测试期间没有发射功率。如果某个小区被怀疑在测试期间没有发射功率，这个问题必须在进行下一步分析之前加以验证。如果有小区没有发射功率，路测必须重做。非常差的覆盖可能是由于天线被阻挡导致的。在这种情况下，需要检查天线的安装情况。

② 过度覆盖或者不良覆盖小区分析。这可能是由高站或者天线倾角不合适导致的。过度覆盖的小区会对邻近小区造成干扰，从而导致容量下降。

③ 无主导小区的区域分析。这类区域是指没有主导小区或者主导小区更换过于频繁的地区。这样会导致频繁切换，进而降低系统效率，增加了掉话的可能性。

④ UE 和接收机测量的最佳服务小区分析。比较 UE 和接收机的扰码数据图是非常有用的。两者之间如果存在显著的差别，可能意味着邻区漏配或者软切换失败等问题。任何观察到的问题都将做上标记，以便进一步分析和对比。

⑤ RF 问题导致的掉话都必须进行分析，并且采取措施避免掉话重复发生。可能导致掉话的 RF 相关问题包括：

- 覆盖差（RSCP & Ec/Io）。
- 干扰大导致 Ec/Io 差。
- 上行覆盖差（UE 发射功率不足）。
- 无主导小区（最佳服务小区过多替换导致切换频繁）。
- 导频污染（小区信号过多）。
- 邻区漏配。
- RF 环境突变（如街道拐角）。
- 邻区列表分析。
- UE 软切换性能。

2. 常见优化措施

大部分 RF 问题能够通过调整如下（优先级由高到低排列）站点参数加以解决：

- 天线倾角（Antenna tilt）。
- 天线方位角（Antenna azimuth）。
- 天线位置（Antenna location）。
- 天线高度（Antenna height）。
- 天线类型（Antenna type）。
- 站点位置（Site location）。
- 新站点（New site）。

5.2 覆盖优化分析

5.2.1 覆盖优化简介

1. 弱覆盖

弱覆盖是指覆盖区域导频信号的 RSCP 小于−95 dBm。弱覆盖严重影响路测指标，导致全覆盖业务接入困难、掉话等问题，需重点解决。

出现环境：凹地、山坡背面、电梯井、隧道、地下车库或地下室、高大建筑物内部等。

导致后果：全覆盖业务接入困难、掉话；手机无法驻留小区，无法发起位置更新和位置登记而出现“掉网”的情况。

应对措施：

- 可以通过增强导频功率、调整天线方向角和下倾角，增加天线挂高，更换更高增益天线等方法来优化覆盖。
- 新建基站，或增加周边基站的覆盖范围，使两基站覆盖交叠深度加大，保证一定大小的软切换区域，同时要注意覆盖范围增大后可能带来的同邻频干扰。
- 新增基站或 RRU，以延伸覆盖范围。
- RRU、室内分布系统、泄漏电缆、定向天线等方案来解决。

2. 越区覆盖

某些基站的覆盖区域超过了规划的范围，在其他基站的覆盖区域内形成不连续的主导区域。扇区覆盖过远会造成部分路段的干扰，同时由于扇区覆盖过远容易出现邻区添加不全导致的缺邻区和上行失步的掉话。

解决过覆盖问题一般通过下压天线下倾角来解决，部分小区因各种原因无法调整的也可以通过申请调整发射功率来解决。

出现环境：丘陵地形、沿道路、港湾两边区域。

导致后果：切换失败、“岛”现象。

应对措施：

- 尽量避免天线正对道路传播，或利用周边建筑物的遮挡效应，减少越区覆盖，但同时需要注意是否会对其他基站产生同频干扰。
- 对于高站的情况，比较有效的方法是更换站址，或者调整导频功率或使用电下倾天线，以减小基站的覆盖范围来消除“岛”效应。

3. 上下行不平衡

目标覆盖区域内，上下行对称业务出现下行覆盖良好而上行覆盖受限（表现为 UE 的发射功率达到最大仍不能满足上行 BLER 要求），或下行覆盖受限（表现为下行专用信道码发射功率达到最大仍不能满足下行 BLER 要求）的情况。

导致结果：比较容易掉话，常见原因是上行覆盖受限。

应对措施：

- 对于上行干扰产生的上下行不平衡，可以通过监控基站的 RTWP 的告警情况来确认是否存在干扰。

- 上行受限的情况，可考虑增加塔放。
- 下行受限的情况，在容量足够的情况下，可调整功率设置，或者更换大功率功放。

4. **无主导小区**

没有主导小区或者主导小区更换过于频繁的地区。

导致后果：频繁切换，进而降低系统效率，增加了掉话的可能性。

应对措施：

针对无主导小区的区域，应当通过调整天线下倾角和方向角等方法，增强某一强信号小区（或近距离小区）的覆盖，削弱其他弱信号小区（或远距离小区）的覆盖。

5.2.2 案例一：覆盖差导致掉话

【问题现象描述】

某公司旁发生掉话，掉话原因是覆盖差。覆盖差包含上行和下行覆盖差，这里是下行覆盖差导致的掉话，即由于 RSCP 过低导致手机收不到 NodeB 下发的信号，而引起掉话的情况，如图 5.1 所示。

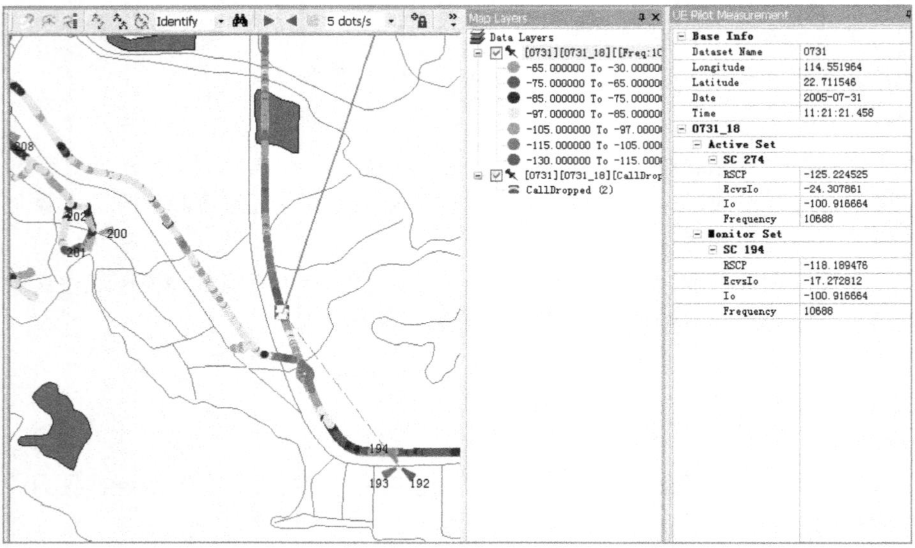

图 5.1 下行覆盖差导致的掉话

【问题分析】

在掉话处，可以看到其前后手机活动集与监视集中小区的扰码信号均不好。

分析掉话前的数据，可以看出掉话前活动集的 Ec/Io 为–24 dB 以下，RSCP 也差不多小于–120dB，基本上确认是下行的覆盖差问题。为了进一步排除邻区漏配问题，可以看出掉话后，手机驻留到了 194 号扰码，但这个小区质量也是很差，所以可以认为不是邻区漏配的问题。从图中手机的活动集中有 194 号扰码的集号也可知此处掉话前后手机活动集中的小区 274 和 194 是配了邻区关系的，如图 5.2 所示。

下面再来看一下掉话前的信令，如图 5.3 所示。

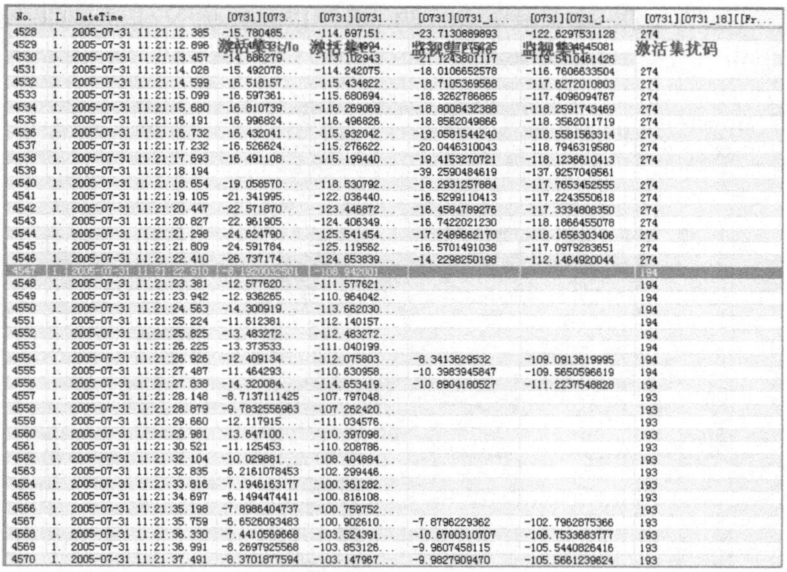

No.	L	DateTime	[0731][073...	[0731][0731...	[0731][0731_1...	[0731][0731_1...	[0731][0731_18][[Fr...
4528	1.	2005-07-31 11:21:12.385	-15.780485...	-114.697151...	-23.7130889893	-122.6297531128	274
4529	1.	2005-07-31 11:21:12.896	[illegible]	[illegible]	[illegible]	[illegible]	
4530	1.	2005-07-31 11:21:13.457	-14.686279...	-113.102943...	-21.1243801117	-119.5410461426	
4531	1.	2005-07-31 11:21:14.028	-15.492078...	-114.242075...	-18.0106652578	-116.7606633504	274
4532	1.	2005-07-31 11:21:14.599	-16.518157...	-115.434822...	-18.7105369568	-117.6272010803	274
4533	1.	2005-07-31 11:21:15.099	-16.597361...	-115.680694...	-18.3262786865	-117.4096094767	274
4534	1.	2005-07-31 11:21:15.680	-16.810739...	-116.269069...	-18.8008432388	-118.2591743469	274
4535	1.	2005-07-31 11:21:16.191	-16.996824...	-116.496826...	-18.8562049866	-118.3562011719	274
4536	1.	2005-07-31 11:21:16.732	-16.432041...	-115.932042...	-19.0581544240	-118.5581563314	274
4537	1.	2005-07-31 11:21:17.232	-16.526624...	-115.276622...	-20.0446310043	-118.7946319580	274
4538	1.	2005-07-31 11:21:17.693	-16.491108...	-115.199440...	-19.4153270721	-118.1236610413	274
4539	1.	2005-07-31 11:21:18.194			-39.2590484619	-137.9257049561	
4540	1.	2005-07-31 11:21:18.654	-19.058570...	-118.530792...	-18.2931257884	-117.7653452555	274
4541	1.	2005-07-31 11:21:19.105	-21.341995...	-122.036440...	-16.5299110413	-117.2243550618	274
4542	1.	2005-07-31 11:21:20.447	-22.571870...	-123.446872...	-16.4584789276	-117.3334808350	274
4543	1.	2005-07-31 11:21:20.827	-22.961905...	-124.406349...	-16.7422021230	-118.1866455078	274
4544	1.	2005-07-31 11:21:21.298	-24.624790...	-125.541454...	-17.2489662170	-118.1656303406	274
4545	1.	2005-07-31 11:21:21.809	-24.591784...	-125.119562...	-16.5701491038	-117.0979283651	274
4546	1.	2005-07-31 11:21:22.410	-26.737174...	-124.653839...	-14.2298250198	-112.1464920044	274
4547	1	2005-07-31 11:21:22.910	-8.1920032501	-108.942001...			194
4548	1.	2005-07-31 11:21:23.381	-12.577620...	-111.577621...			194
4549	1.	2005-07-31 11:21:23.942	-12.936265...	-110.964042...			194
4550	1.	2005-07-31 11:21:24.563	-14.300919...	-113.662030...			194
4551	1.	2005-07-31 11:21:25.224	-11.612381...	-112.140157...			194
4552	1.	2005-07-31 11:21:25.825	-13.483272...	-112.483272...			194
4553	1.	2005-07-31 11:21:26.225	-13.373533...	-111.040199...			194
4554	1.	2005-07-31 11:21:26.926	-12.409134...	-112.075803...	-8.3413629532	-109.0913619995	194
4555	1.	2005-07-31 11:21:27.487	-11.464293...	-110.630958...	-10.3983945847	-109.5650596619	194
4556	1.	2005-07-31 11:21:27.838	-14.320084...	-114.653419...	-10.8904180527	-111.2237548828	194
4557	1.	2005-07-31 11:21:28.148	-8.7137111425	-107.797048...			193
4558	1.	2005-07-31 11:21:28.879	-9.7832556963	-107.262420...			193
4559	1.	2005-07-31 11:21:29.660	-12.117915...	-111.034576...			193
4560	1.	2005-07-31 11:21:29.981	-13.647100...	-110.397098...			193
4561	1.	2005-07-31 11:21:30.521	-11.125453...	-110.208786...			193
4562	1.	2005-07-31 11:21:32.104	-10.029881...	-108.404884...			193
4563	1.	2005-07-31 11:21:32.835	-6.2161078453	-102.299446...			193
4564	1.	2005-07-31 11:21:33.816	-7.1946163177	-100.361282...			193
4565	1.	2005-07-31 11:21:34.697	-6.1494474411	-100.816108...			193
4566	1.	2005-07-31 11:21:35.198	-7.8986404737	-100.759752...			193
4567	1.	2005-07-31 11:21:35.759	-6.6526093483	-100.902610...	-7.8796229362	-102.7962875366	193
4568	1.	2005-07-31 11:21:36.330	-7.4410569668	-103.524391...	-10.6700310707	-106.7533683777	193
4569	1.	2005-07-31 11:21:36.991	-8.2697925568	-103.853126...	-9.9607458115	-105.5440826416	193
4570	1.	2005-07-31 11:21:37.491	-8.3701877594	-103.147967...	-9.9827909470	-105.5661239624	193

图 5.2 问题分析过程一

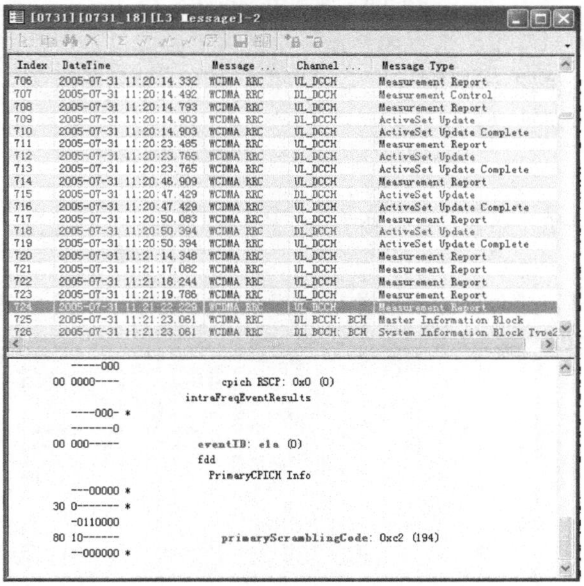

Index	DateTime	Message ...	Channel ...	Message Type
706	2005-07-31 11:20:14.332	WCDMA RRC	UL_DCCH	Measurement Report
707	2005-07-31 11:20:14.492	WCDMA RRC	DL_DCCH	Measurement Control
708	2005-07-31 11:20:14.793	WCDMA RRC	UL_DCCH	Measurement Report
709	2005-07-31 11:20:14.903	WCDMA RRC	DL_DCCH	ActiveSet Update
710	2005-07-31 11:20:14.903	WCDMA RRC	UL_DCCH	ActiveSet Update Complete
711	2005-07-31 11:20:23.485	WCDMA RRC	UL_DCCH	Measurement Report
712	2005-07-31 11:20:23.765	WCDMA RRC	DL_DCCH	ActiveSet Update
713	2005-07-31 11:20:23.765	WCDMA RRC	UL_DCCH	ActiveSet Update Complete
714	2005-07-31 11:20:46.909	WCDMA RRC	UL_DCCH	Measurement Report
715	2005-07-31 11:20:47.429	WCDMA RRC	DL_DCCH	ActiveSet Update
716	2005-07-31 11:20:47.429	WCDMA RRC	UL_DCCH	ActiveSet Update Complete
717	2005-07-31 11:20:50.083	WCDMA RRC	UL_DCCH	Measurement Report
718	2005-07-31 11:20:50.394	WCDMA RRC	DL_DCCH	ActiveSet Update
719	2005-07-31 11:20:50.394	WCDMA RRC	UL_DCCH	ActiveSet Update Complete
720	2005-07-31 11:21:14.348	WCDMA RRC	UL_DCCH	Measurement Report
721	2005-07-31 11:21:17.082	WCDMA RRC	UL_DCCH	Measurement Report
722	2005-07-31 11:21:18.244	WCDMA RRC	UL_DCCH	Measurement Report
723	2005-07-31 11:21:19.786	WCDMA RRC	UL_DCCH	Measurement Report
724	2005-07-31 11:21:22.229	WCDMA RRC	UL_DCCH	Measurement Report
725	2005-07-31 11:21:23.061	WCDMA RRC	DL BCCH: BCH	Master Information Block
726	2005-07-31 11:21:23.061	WCDMA RRC	DL BCCH: BCH	System Information Block Type2

```
      -----000
   00 0000----                 cpich RSCP: 0x0 (0)
                         intraFreqEventResults
      ----000- *
      -------0
   00 000-----               eventID: e1a (0)
                             fdd
                               PrimaryCPICH Info
      ---00000 *
   30 0------- *
      -0110000
   80 10------                    primaryScramblingCode: 0xc2 (194)
      --000000 *
```

图 5.3 问题分析过程二

可以看到手机不停地发送测量报告，要求将 194 号小区加入活动集中。而没有发起切换的原因，正是因为覆盖差，导致手机接收不到下行信号（下行覆盖差），或者 NodeB 接收不到测量报告（上行覆盖差），导致了掉话。那么究竟是下行覆盖差还是上行覆盖差，或者二者都不好呢？下面再来看一下手机的发射功率、手机的接收功率以及下行的 BLER，如图 5.4 所示。

从图 5.4 中可以看出，掉话前 UE 的发射功率已达 23 dBm，掉话发生前下行的 BLER 已经达到 100%（由于外环和内环的综合作用，会导致下行码发射功率达到最大，如果有 RNC

的性能跟踪数据，可以做进一步确认)，以上的分析可以看出上下行是平衡的。也可以得出结论：本次掉话是由于覆盖太差而导致的。

No.	DateTime	[0731][0731_18][Tx Power] 手机发射功率	[0731][0731_18][Rx Power] 手机接收功率	[0731][0731_18][BLE... 手机接收BLER
4320	2005-07-31 11:21:10.292		[illegible]	[illegible]
4321	2005-07-31 11:21:10.843		-99.3583322144	
4322	2005-07-31 11:21:11.875	20.9166692352	-99.1733319092	
4323	2005-07-31 11:21:12.385	19.7350025558	-99.1233320618	0.1386138648
4324	2005-07-31 11:21:12.896	18.1466692352	-98.9599990845	
4325	2005-07-31 11:21:13.457	16.3933358383	-98.9766656494	
4326	2005-07-31 11:21:14.028	16.5000025177	-99.0266650391	
4327	2005-07-31 11:21:14.599	18.5900023651	-98.9799981689	0.1500000060
4328	2005-07-31 11:21:15.099	17.0333358765	-98.9599987793	
4329	2005-07-31 11:21:15.680	17.5533358765	-99.0733319092	
4330	2005-07-31 11:21:16.191	17.0933358192	-98.9399990845	0.2500000000
4331	2005-07-31 11:21:16.732	16.2733358002	-99.0499990845	
4332	2005-07-31 11:21:17.232	20.0066690826	-98.7966653442	
4333	2005-07-31 11:21:17.693	19.2800025177	-98.6933325195	
4334	2005-07-31 11:21:18.194	22.4366692352	-98.9433322144	0.4099999964
4335	2005-07-31 11:21:18.654	23.2900025940	-99.2466653442	
4336	2005-07-31 11:21:19.105	23.5238121578	-99.9533325195	
4337	2005-07-31 11:21:19.736		-101.3233328247	
4338	2005-07-31 11:21:20.447		-101.0866659546	0.9700000286
4339	2005-07-31 11:21:20.827		-100.9566665649	
4340	2005-07-31 11:21:21.298		-100.7133328247	
4341	2005-07-31 11:21:21.809		-100.4900000000	
4342	2005-07-31 11:21:22.410		-100.1233328247	1.0000000000
4343	2005-07-31 11:21:23.381		-97.9566662598	
4344	2005-07-31 11:21:23.942	20.6666698456	-98.2466662598	
4345	2005-07-31 11:21:24.563		-99.7366662598	
4346	2005-07-31 11:21:25.224		-99.7333325195	
4347	2005-07-31 11:21:25.825		-99.4833334351	
4348	2005-07-31 11:21:26.225	15.6666688919	-98.7766671753	
4349	2005-07-31 11:21:26.926		-98.7949993896	
4350	2005-07-31 11:21:27.838		-99.4033328247	
4351	2005-07-31 11:21:28.148	18.1666688919	-98.6766665649	
4352	2005-07-31 11:21:28.879		-98.6583331299	
4353	2005-07-31 11:21:29.660		-96.2733337402	
4354	2005-07-31 11:21:30.521		-99.0833320618	
4355	2005-07-31 11:21:32.104		-98.3750000000	
4356	2005-07-31 11:21:32.835		-96.0833358765	
4357	2005-07-31 11:21:33.816		-93.1666641235	
4358	2005-07-31 11:21:34.697		-94.6666641235	
4359	2005-07-31 11:21:35.198		-95.9583329421	

图 5.4　问题分析过程三

在分析的最后，介绍一下掉话点的环境：从图 5.1 中可以看出在掉话点附近的一大片区域均无基站，而现场的情况为掉话处的公路是开山而建，两旁的山体又对远处基站的信号遮挡，进一步造成了上下行覆盖均不好。

【调整建议措施】

在山上新增一个基站（某公司），增强这片区域的覆盖。

【结果验证分析】

掉话问题得到处理。这片区域的覆盖得到了很好的改善，如图 5.5 所示。

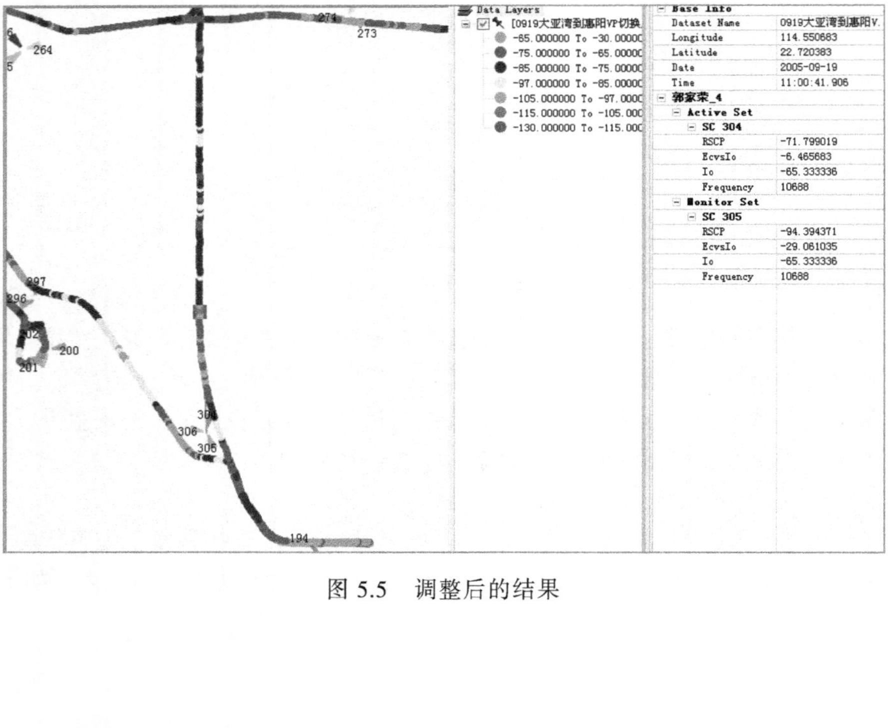

图 5.5　调整后的结果

【案例总结】

确认覆盖问题的最简单方式是直接观察Scanner采集的数据,若最好小区的RSCP和Ec/Io都很低，就可以认为是覆盖问题。由于缺站、扇区接错、功放故障导致站点关闭等原因都会导致覆盖差，在一些室内，由于过大的穿透损耗也会导致覆盖太差，扇区接错或者站点由于故障原因关闭等容易在优化过程中出现，表现为其他小区在掉话点的覆盖差，需要注意分析区别。此处的覆盖差是由于缺站，可以看出在新增站点后掉话问题得到了改善。

5.2.3 案例二：拐角效应分析案例

【问题现象描述】

在某交界口处发生掉话，掉话是由拐角效应引起；拐角效应主要表现在原小区信号快速下降，目标小区信号很快上升，手机收不到活动集更新而导致掉话。

激活集和监视集的信号如图 5.6 所示。

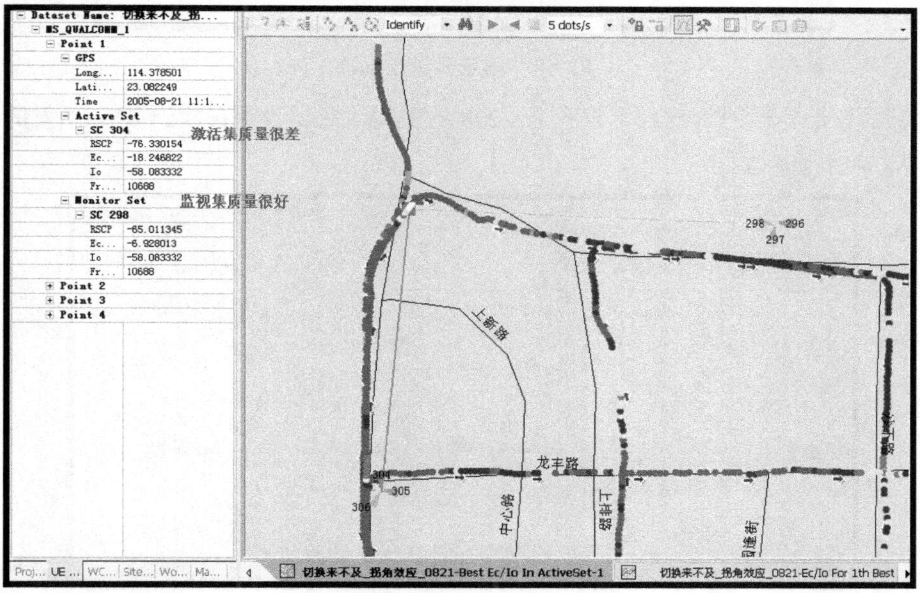

图 5.6　激活集和监视集的信号

拐角效应发生时的现象：

原小区信号快速下降，目标小区信号很快上升（见图 5.7)，手机收不到活动集更新而导致掉话的情况。

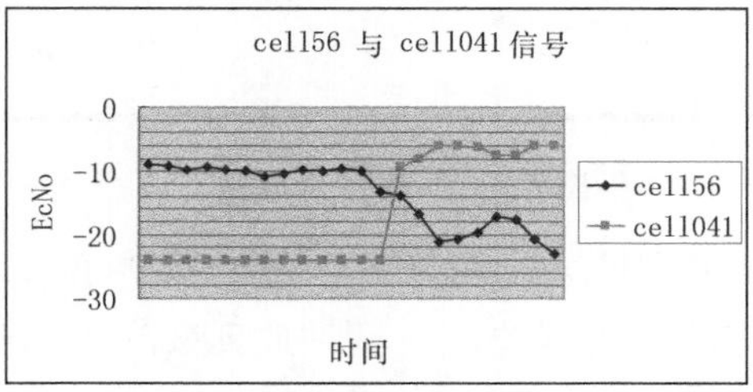

图 5.7　拐角效应发生的现象

【问题分析】

在拐角处，活动集 PSC304 的信号 Ec/Io 快速下降到−17 dB 以下；而监视集 PSC298 信号 Ec/Io 在短时间内变得很好（−7 dB），如图 5.8 所示。

No.	Longitude	Latitude	DateTime	[切换来不及_拐...	[切换来不及_拐...	[切换来不及...
1800	114.378...	23.0817...	2005-08-21 11:13:30.568	-6.5087408010	-26.1736437480	
1801	114.378...	23.0817...	2005-08-21 11:13:31.068	-6.5145246983	-25.9895067215	
1802	114.378...	23.0818...	2005-08-21 11:13:31.579	-6.5475549698	-27.0807056427	
1803	114.378...	23.0818...	2005-08-21 11:13:32.080	-6.6950051785	-27.0828162598	
1804	114.378...	23.0819...	2005-08-21 11:13:32.530	-6.9192728996	-31.6832156312	
1805	114.378...	23.0819...	2005-08-21 11:13:32.981	-6.8534839153	-30.5276708603	
1806	114.378...	23.0819...	2005-08-21 11:13:33.452	-7.1520288785	-40.6785049438	
1807	114.378...	23.0820...	2005-08-21 11:13:34.053	-7.1272734006		
1808	114.378...	23.0820...	2005-08-21 11:13:34.583	-7.2429554462	-9.8566398621	
1809	114.378...	23.0821...	2005-08-21 11:13:35.014	-8.6561260223	-8.4459218979	
1810	114.378...	23.0821...	2005-08-21 11:13:35.545	-11.5521607399	-7.2764337063	
1811	114.378...	23.0822...	2005-08-21 11:13:36.096	-15.0282662710	-6.8929417928	
1812	114.378...	23.0822...	2005-08-21 11:13:36.616	-17.3255796432	-6.8308794498	
1813	114.378...	23.0822...	2005-08-21 11:13:37.117	-18.6993231773	-6.9714670181	
1814	114.378...	23.0823...	2005-08-21 11:13:37.748	-19.1517073313	-6.8601520856	
1815	114.378...	23.0823...	2005-08-21 11:13:38.519	-19.3314104080	-6.9709780216	
1816	114.378...	23.0823...	2005-08-21 11:13:39.190	-7.5235137939		
0	114.378...	23.0823...	2005-08-21 11:13:39.551			CallDropped
1817	114.378...	23.0823...	2005-08-21 11:13:39.861	-7.4246145487		
1818	114.378...	23.0824...	2005-08-21 11:13:40.822	-6.4922928810		
1819	114.378...	23.0824...	2005-08-21 11:13:41.744	-6.2970519066		
1820	114.378...	23.0824...	2005-08-21 11:13:42.655	-6.1199808121		
1821	114.378...	23.0823...	2005-08-21 11:13:43.366	-6.4093000412		
1822	114.378...	23.0823...	2005-08-21 11:13:44.227	-6.4616420289		

激活集中最优小区的Ec/Io

监视集中最优小区的Ec/Io

图 5.8　问题分析过程一

UE 侧的信令分析：UE 已经上报了 PSC298 的 1a 事件；但没有接收到 RNC 下发的激活集更新命令，如图 5.9 所示。

Index	DateTime	Message Kind	Channel Type	Message Type
1254	2005-08-21 11:12:43.440	WCDMA RRC	DL_DCCH	Downlink Direct Transfer
1255	2005-08-21 11:12:43.440	WCDMA NAS	Downlink	Alerting
1256	2005-08-21 11:12:46.695	WCDMA RRC	DL_DCCH	Downlink Direct Transfer
1257	2005-08-21 11:12:46.695	WCDMA RRC	UL_DCCH	Uplink Direct Transfer
1258	2005-08-21 11:12:46.695	WCDMA NAS	Downlink	Connect
1259	2005-08-21 11:12:46.695	WCDMA NAS	Uplink	Connect Acknowledge
1260	2005-08-21 11:13:07.444	WCDMA RRC	UL_DCCH	Measurement Report
1261	2005-08-21 11:13:07.675	WCDMA RRC	UL_DCCH	Measurement Report
1262	2005-08-21 11:13:08.055	WCDMA RRC	DL_DCCH	ActiveSet Update
1263	2005-08-21 11:13:08.055	WCDMA RRC	UL_DCCH	ActiveSet Update Complete
1264	2005-08-21 11:13:08.356	WCDMA RRC	DL_DCCH	Measurement Control
1265	2005-08-21 11:13:08.506	WCDMA RRC	DL_DCCH	Measurement Control
1266	2005-08-21 11:13:09.207	WCDMA RRC	UL_DCCH	Measurement Report
1267	2005-08-21 11:13:09.457	WCDMA RRC	DL_DCCH	ActiveSet Update
1268	2005-08-21 11:13:09.457	WCDMA RRC	UL_DCCH	ActiveSet Update Complete
1269	2005-08-21 11:13:35.114	WCDMA RRC	UL_DCCH	Measurement Report
1270	2005-08-21 11:13:36.146	WCDMA RRC	UL_DCCH	Measurement Report
1271	2005-08-21 11:13:39.120	WCDMA RRC	UL_DCCH	Measurement Report
1272	2005-08-21 11:13:39.551	WCDMA RRC	DL BCCH: BCH	Master Information Block
1273	2005-08-21 11:13:39.601	WCDMA RRC	DL BCCH: BCH	System Information Blo...
1274	2005-08-21 11:13:39.601	WCDMA RRC	DL BCCH: BCH	Scheduling Block1
1275	2005-08-21 11:13:39.601	WCDMA RRC	DL BCCH: BCH	System Information Blo...
1276	2005-08-21 11:13:39.601	WCDMA RRC	DL BCCH: BCH	System Information Blo...
1277	2005-08-21 11:13:39.651	WCDMA RRC	DL BCCH: BCH	Master Information Block
1278	2005-08-21 11:13:39.701	WCDMA RRC	DL BCCH: BCH	System Information Blo...

```
  -----010
F0 1111----          cpich RSCP: 0x2f (47)
                intraFreqEventResults
  ----000- *
  -------0
00 000-----          eventID: e1a (0)
                 fdd
                  PrimaryCPICH Info
  ---00000 *
4A 0------- *
  -1001010
80 10-----             primaryScramblingCode: 0x12a (298)
  --000000 *
```

图 5.9　问题分析过程二

RNC 侧的信令分析：RNC 侧已经收到 UE 上报的 PSC298 的 1a 事件，同时下发了活动集更新命令；此时 PSC304 的信号已经很差，UE 无法收到该消息。导致下行失步造成掉话，如图 5.10 所示。

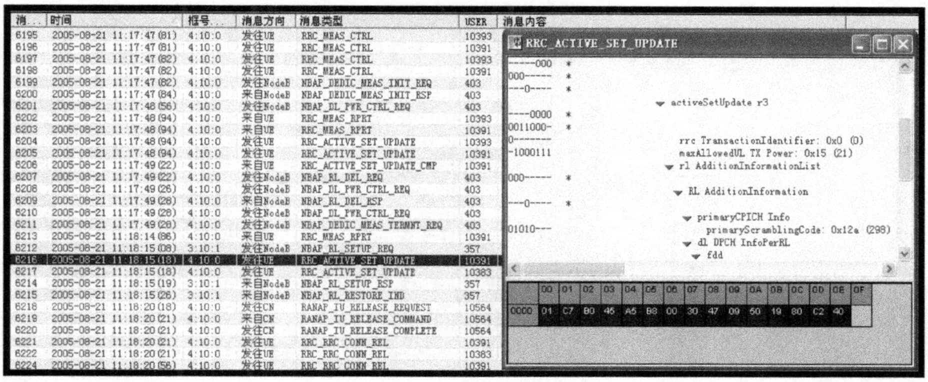

图 5.10 问题分析过程三

问题原因：在拐角处，由于楼房的阻挡，造成原小区信号迅速下降，无法及时完成软切换，而导致掉话。

【调整建议措施】

SC304 和 SC298 都是沿着公路覆盖，导致转弯的时候切换来不及而掉话。

① 把 SC304 的下倾角由 5° 调整到 13° 。

② 方向角由 0° 调整到 315° 。

【调整目的】

减小 SC304 的覆盖，将切换区域前移，使切换发生在拐弯之前，如图 5.11 和图 5.12 所示。

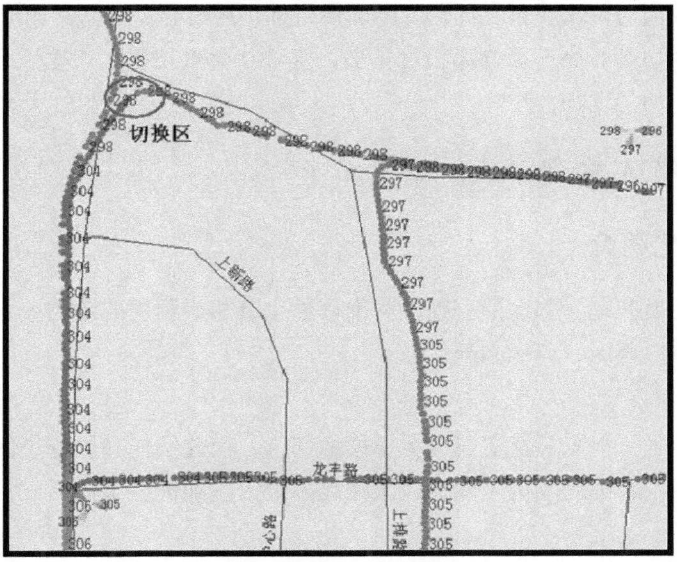

图 5.11 调整之前的切换区

【案例总结】

① 调整天线，使得目标小区的天线覆盖能够越过拐角，在拐角之前就能发生切换，或者使当前小区的天线覆盖越过拐角，从而避免拐角带来的信号快速变化过程，来降低掉话。

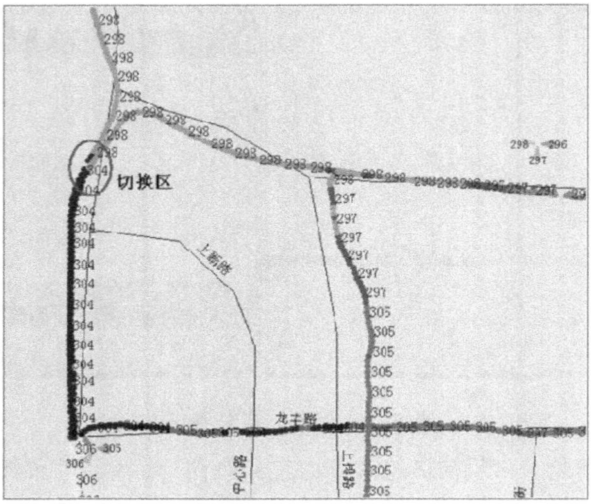

图 5.12　调整之后的切换区

② 在实际实施过程中，由于天线工程参数的调整以及是否能越过拐角的判断过多地依赖于经验，使得这个方法的实施存在一定困难，可以进行参数调整：

- 针对小区配置 1a 事件参数，使得切换更容易触发。比如，降低 1a 事件的触发时间；这个参数的更改会导致该小区和其他小区（没有拐角效应的小区）的切换更容易发生，可能会造成过多的乒乓切换。
- 配制拐角效应的两个小区之间的 CIO，使目标小区更容易加入。由于 CIO 只影响两个小区之间的切换行为，影响面相对较小，但 CIO 会对切换区产生影响，这种配置可能导致切换比例的增加。

5.3　切换优化分析

5.3.1　切换优化简介

对于一般的切换问题，邻区的完整性和准确性也有相当程度的影响，典型的邻区问题包括：邻区漏配、单向邻区、邻区多配。

1. **邻区漏配**

某小区信号较强，但未被配置成服务小区的邻区，因此不能和服务小区进行软切换，对服务小区产生强干扰；强的小区不能加入激活集导致干扰加大甚至掉话。

2. **单向邻区**

小区 A 将小区 B 配置成邻区，但小区 B 未将小区 A 配置成邻区，因此当 UE 从小区 B 向小区 A 移动时，将会因为不能软切换而掉话。

3. **邻区多配**

邻区多配会加重 UE 的负担，降低邻区搜索的效率，可能会影响软切换的性能，使邻区消息庞大，增加不必要的信令开销，而且在邻区满配时无法加入需要的邻区。

网络规划工具能够使用合适的算法自动规划邻区列表，一般是基于小区互相之间的干扰。利用 UE 和 SCANNER 进行大量路测，发现邻区漏配、单配和多配的问题。利用综合网管分析工具进行邻区列表的优化。

切换优化的措施主要有以下方面：

（1）优化无线覆盖

良好的无线覆盖是所有性能优化的基础。在优化切换区域的无线覆盖过程中，要通过调整天线的方位角，下倾角等手段重点改善导频污染和切换区过短（或过长）问题。

（2）优化切换参数

优化切换参数的主要思路是通过调整切换事件报告门限，切换触发时间，小区偏置等参数来优化切换的执行速度和范围，从而改善切换性能。

5.3.2 案例一：乒乓切换导致掉话

【问题现象描述】

如图 5.13 所示，在某立交桥附近发生掉话，掉话是由乒乓切换引起。SC 56 被删除之后马上又要求加入，但此时 SC64/SC66 的信号质量已经很差了，无法完成切换而导致掉话。

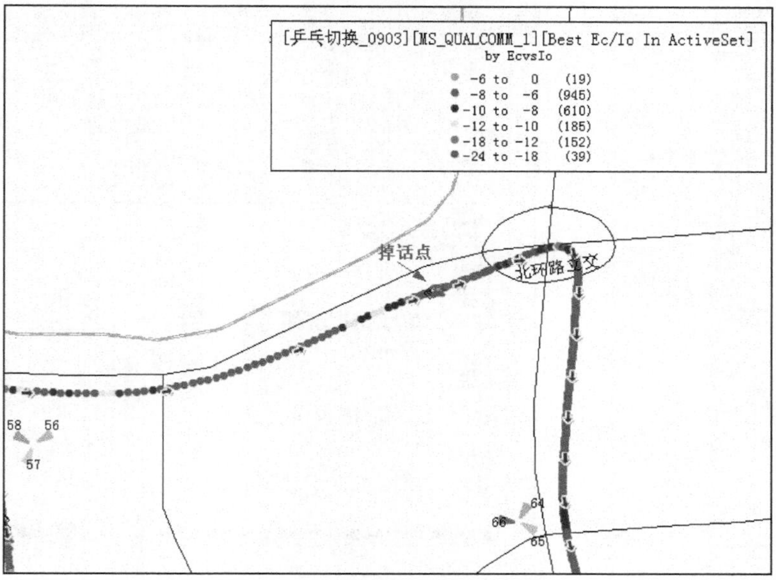

图 5.13　乒乓切换导致掉话

【问题分析】

掉话前后激活集中扰码变化情况，如图 5.14 所示：在掉话前由于 SC56 信号质量降到 −18 dB 以下，导致将 SC56 从激活集中删除，这时激活集中只剩下 SC64 和 SC66，但 SC64 和 SC66 两个小区的信号在短时间内迅速下降，导致掉话。

UE 记录的 SC56 被删除的记录如图 5.15 所示。

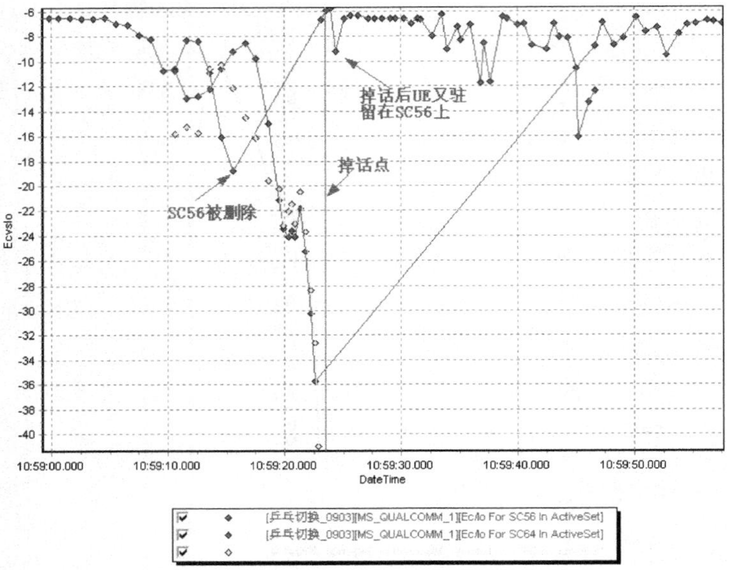

图 5.14　问题分析过程一

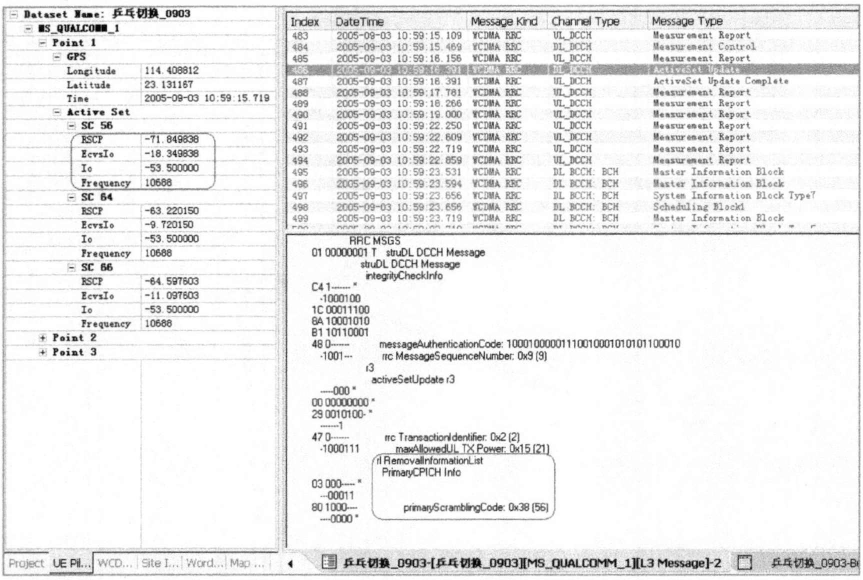

图 5.15　问题分析过程二

在 SC56 被删除以后，SC64 和 SC66 两个小区的信号在短时间内迅速下降，通过查看 UE 记录的信令，发现 UE 此时也上报了 SC56 的 1a 事件，但没有接收到 RNC 下发的激活集更新命令，如图 5.16 所示。

由于 RNC 数据没有跟踪上这次掉话的信令，所以对 RNC 信令就不做分析了。其结果很明显，一是 RNC 没有收到 UE 上报的测量报告；二是即使收到，也下发了激活集更新命令，但由于激活集质量已经严重恶化，UE 已经无法收到激活集更新命令。两种情况都会导致掉话。

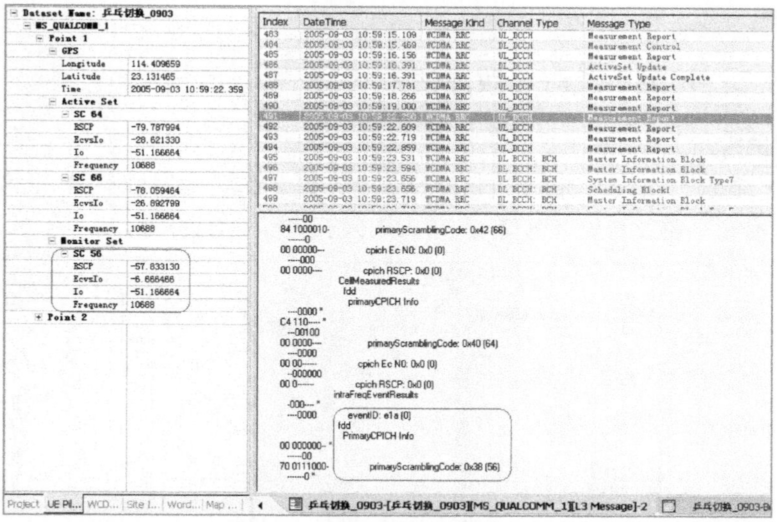

图 5.16　问题分析过程三

【问题原因】

从信令流程上看，可以看到 1 个小区刚刚删除，然后马上要求加入，而此时收不到 RNC 下发的活动集更新命令导致失败。

【调整建议措施】

配置 SC66 扰码小区的 1b 触发时间（640 ms-->1280 ms）。

【结果验证分析】

掉话问题得到处理。调整前后的结果对比如图 5.17 所示。

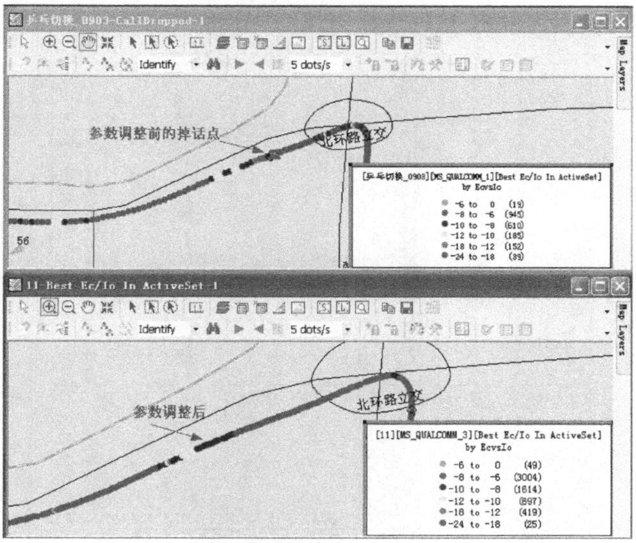

图 5.17　调整前后的结果

【案例总结】

解决乒乓切换带来的掉话问题，可以调整天线使覆盖区域形成主导小区，也可以配置 1b

事件的切换参数减少乒乓的发生。

5.3.3 案例二：切换不及时导致掉话

【问题现象描述】

如图 5.18 所示，在某道路交叉口处发生一次 VC 掉话，掉话时 UE 占用佛山湾华-3（PSC=257）信号未来得及与魁奇电信-1（PSC=492）切换，导致掉话。

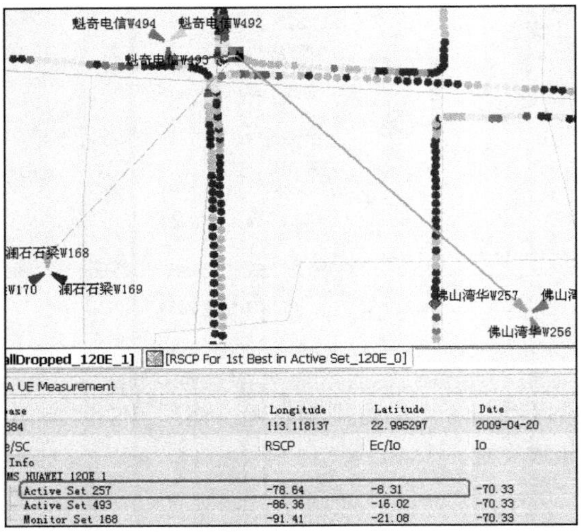

图 5.18 切换不及时的掉话位置图

【问题分析】

在拐角处，可以看到激活集 PSC=257 的信号 Ec/Io 快速下降到-15.63 dB 以下，而监视集 PCS=492 的信号 Ec/Io 快速上升到-7.11 dB，如图 5.19 所示。

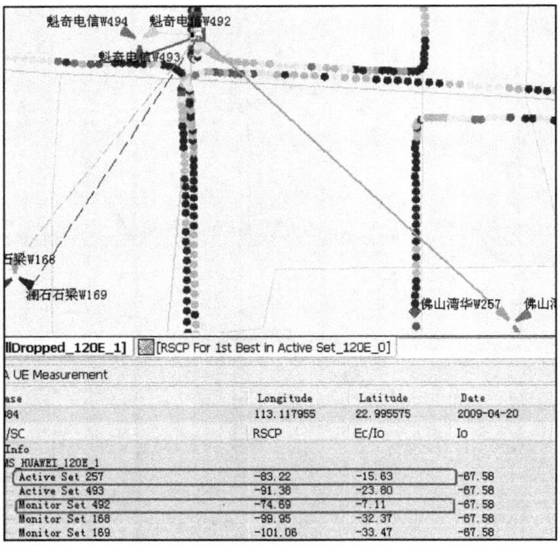

图 5.19 Ec/Io 对比图

在掉话前 UE 上报了 PSC=257 的 1a 事件，但没有收到 RNC 下发的激活集更新指令。

【问题原因】

此区域属于繁华商业区，建筑较多，信号阻挡和反射比较严重，加之魁奇电信基站较高，下倾角需要下压的程度较大。在魁奇路和岭南路的拐角处，UE 占用佛山湾华-3（PSC=257）信号未来得及与魁奇电信-1（PSC=492）切换，导致掉话。

【调整建议措施】

调整魁奇电信-1（PSC=492）天线下倾角，使此小区信号在拐弯之前 UE 信源由佛山湾华-3（PSC=257）切换至魁奇电信-1（PSC=492），以避免拐角效应产生的掉话。

【结果验证分析】

掉话问题解决，如图 5.20 所示。

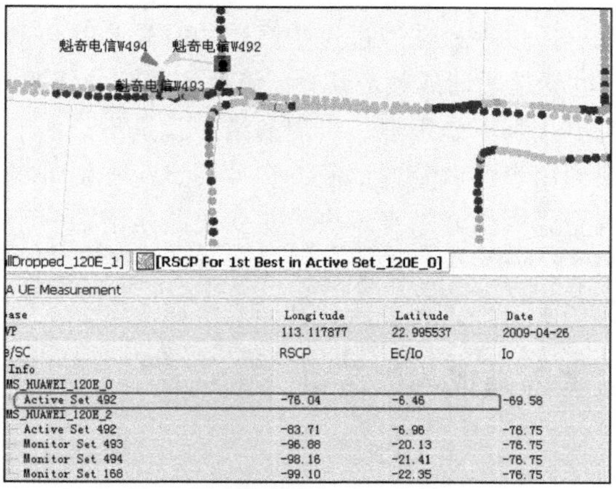

图 5.20　天线调整后的 RSCP 图

【案例总结】

解决拐角效应的方法比较多，初期优化建议优先调整工程参数。

调整天线，使得目标小区的天线覆盖能够越过拐角，在拐角之前就能发生切换，或者使当前小区的天线覆盖越过拐角，从而避免拐角带来的信号快速变化过程，来降低掉话。

针对小区配置 1a 事件参数，使得切换更容易触发。比如，降低触发时间为 200 ms，减小迟滞；一般情况需要针对小区进行配置，这个参数的更改会导致该小区和其他小区（没有拐角效应的小区）的切换也更容易发生，可能会造成过多的乒乓切换。

配置拐角效应产生的两个小区之间的 CIO，使目标小区更容易加入。由于 CIO 只影响两个小区之间的切换行为，影响面相对较小，但 CIO 会对切换区产生影响，这种配置可能导致切换比例的增加。

5.4 导频污染优化分析

5.4.1 导频污染简介

导频污染就是在同一地点，收到多个信号强度接近的小区信号，信号间干扰较大，造成 Ec/Io 低，一种情况是多个小区信号都很强，干扰严重；另一种情况是信号都不强，没有一个足够强的导频担任主导小区。

定义：在某一点存在过多的强导频，但却没有一个足够强的主导频。由此，当满足下面所述条件时，判定该点存在导频污染：

满足条件：CPICH_RSCP>ThRSCP_Absolute 的导频个数大于 ThN 个（CPICH_RSCP1st-CPICH_RSCP（ThN+1）th）<ThRSCP_Relative

设定 ThRSCP_Absolute=-100 dBm，Thn=3，ThRSCP_Relative=5 dB，则导频污染判断标准：

① 满足条件 CPICH_RSCP>-100 dBm 的导频个数大于 3 个。

② 最强导频与最弱导频的差值小于 5 dB。

当同时满足条件上述条件①、条件②时，判断存在导频污染。

缺少主导频会导致以下几种情况：一是因为没有特别强的主导频的服务，在这些区域数据下载速率都会非常低，用户不会体验到数据业务的高速性。二是导频污染对系统资源消耗比较大，因为导频都不强，所以手机在经过这些区域的时候，就会不停地进行导频的增减，来回地进行信令的交互，也就是所谓的频繁切换，消耗了系统的资源，造成系统容量的降低。由于来回切换的导频无论哪个都不是很强，出现的结果就是不论加上还是减去都不会使手机服务质量得到改善。反映到用户那就是通话断续、掉话、起呼困难等。

导频污染一般通过调整天线及开站来解决，主要思路是增强一个导频的信号质量，减弱其他导频在问题区域的覆盖，对于信号质量都不是很强、没有一个足够强的导频担任主导小区的情况，除了调整天线的手段外，还可通过开站来解决。

5.4.2 案例一：越区覆盖造成导频污染

【问题现象描述】

从测试数据看到，图 5.21 中圈起区域除了距离较近的星都和瑞丰的覆盖之外，还收到河畔城 B 以及淡水东门 B 的信号，由于越区覆盖造成导频污染。

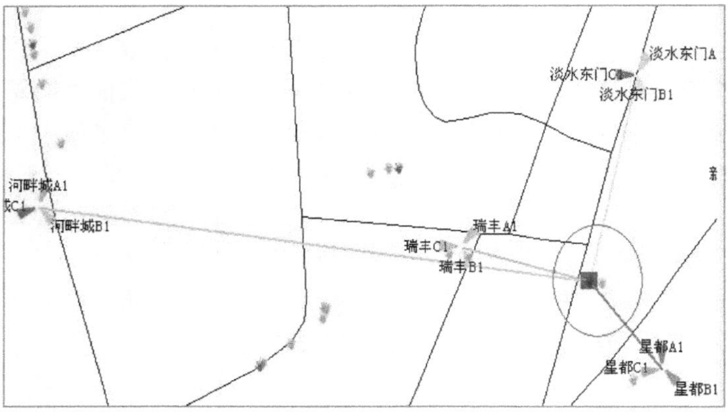

图 5.21 导频污染问题点

【问题分析】

在 RF 优化过程中，主要通过对工程参数的调整解决覆盖和干扰等问题，对于该区的越区覆盖问题，考虑增大河畔城和淡水东门的下倾角以解决导频污染的问题。

【问题原因】

如果某一小区的信号分布很广，在周围 1、2 圈相邻小区的覆盖范围之内均有其信号存在，说明小区过度覆盖，这可能是由高站或者天线倾角不合适导致的。过度覆盖的小区会对邻近小区造成干扰，从而导致容量下降。由图 5.21 可看出河畔城和淡水东门都有越区覆盖的现象，需要增大天线下倾角加以解决。

【调整建议措施】（见表 5.2）

表 5.2　调整建议措施

小区名称	天线方位角/（°）（调整前）	天线方位角/（°）（调整后）	天线下倾角/（°）（调整前）	天线下倾角/（°）（调整后）
淡水东门 B	170	不变	8	14
河畔城 B	140	不变	6	10

【结果验证分析】

经过对河畔城和淡水东门的工程参数进行调整后，从测试数据（见图 5.22）中看出该区域的导频污染已解决。

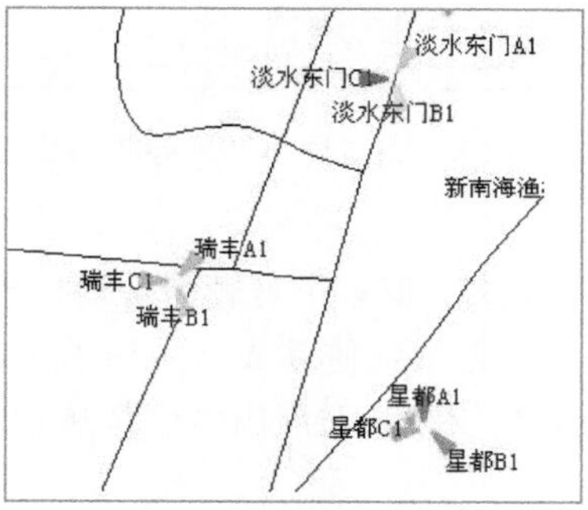

图 5.22　调整后的结果

【案例总结】

导频污染的判断方法为：激活集已满，监视集中还有小区的信号满足 1a 事件切换相对门限的要求。1a 事件切换相对门限使用 3 dB，和 RNC 中的实际配置相同。目前 UE 接收机激活集中最多可以同时存在 3 个小区的信号，因此如果某点满足软切换相对门限的导频信号超过 3 个就认为存在导频污染。

此案例属于典型的越区覆盖造成导频污染，采用增大天线下倾角的方法解决。在解决过度覆盖小区问题时需要警惕是否会产生覆盖空洞，对可能产生覆盖空洞的工程参数调整尤其需要小心，很多天线工程参数（如天线方向角）的调整必须到站点去察看，因为附近高楼的阻挡，方向角调整建议可能是不合理的，会严重影响 RF 优化效率。如果因为条件限制无法实地勘测，可以参考规划阶段输出的勘站报告。

对调整后的信号覆盖进行路测，验证工程实施的质量，问题是否解决以及是否造成新的问题，对比调整前后的信号分布差异，检验调整效果是否与预期相符。

5.4.3　案例二：无主导小区覆盖造成导频污染

【问题现象描述】

从图 5.23 可以看出，红圈区域存在导频污染，且 Ec/Io 很差。

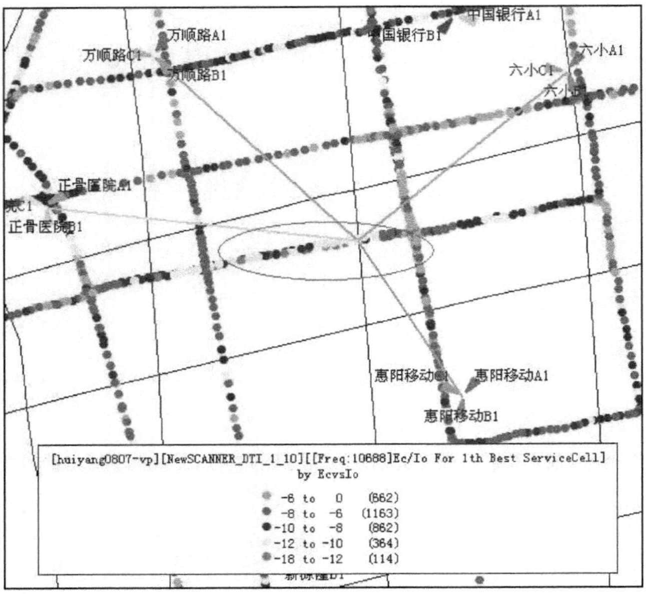

图 5.23　无主导小区的导频污染

【问题分析】

此区域属于典型的导频信号较多，但多个导频信号均比较差，无法成为主覆盖的现象。要解决此问题，可将一个小区的覆盖增强使其成为主导小区，同时抑制其他小区对此区域的覆盖。另外，鉴于六小 C 的天线较高，对周围多个区域造成较大的导频干扰，考虑将其关闭。

【问题原因】

从图 5.24 看出，此区域的主导小区频繁更换，且万顺路 B（SC：41），六小 C（SC：130），惠阳移动 C（SC：138）和正骨医院 B（SC：153）的 Ec/Io 都很差，考虑增强万顺路 B，将万顺路 B 作为主导小区，抑制六小 C、正骨医院 B 和惠阳移动 C 对此区域的影响。

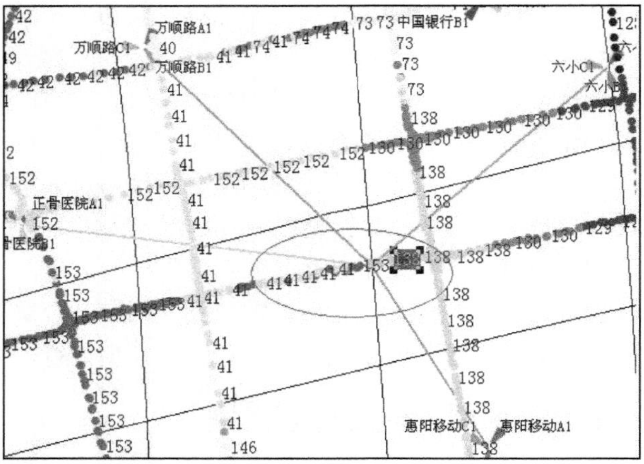

图 5.24　问题分析过程

【调整建议措施】（见表 5.3）

表 5.3 调整建议措施

小区名称	天线方位角（调整前）	天线方位角（调整后）	天线下倾角/（°）（调整前）	天线下顷角/（°）（调整后）
万顺路 B	不变	不变	6	4
正骨医院 B	不变	不变	9	12
惠阳移动 C	不变	不变	10	14

【结果验证分析】

从图 5.25 可以看出，经过调整后，万顺路 B（SC：41）成为主导小区，导频污染消失，Ec/Io 良好。

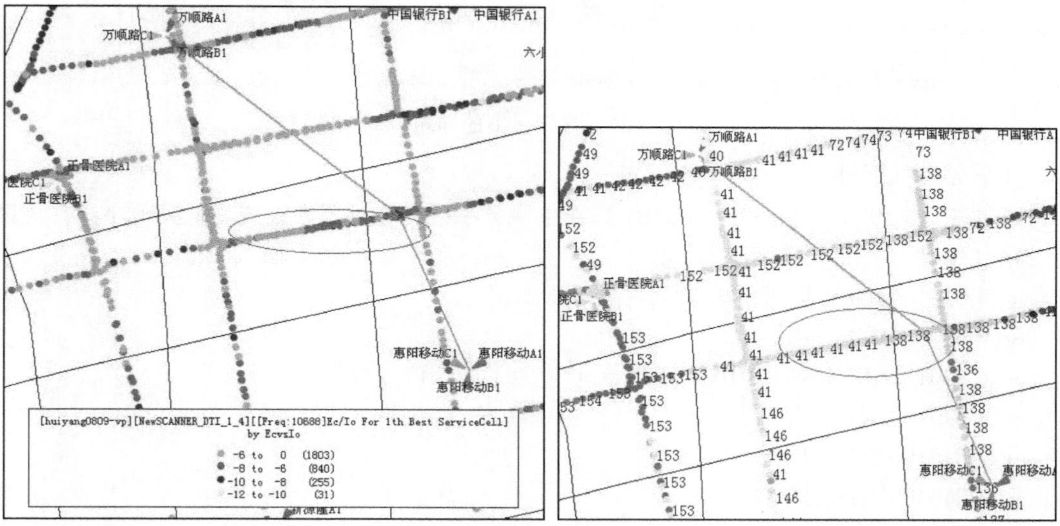

图 5.25 调整后的结果

【案例总结】

无主导小区的区域是指没有主导小区或者主导小区更换过于频繁的地区。这样会导致频繁切换，进而降低系统效率，增加了掉话的可能性。针对无主导小区的区域，应当通过调整天线下倾角和方向角等方法，增强某一强信号小区（或近距离小区）的覆盖，削弱其他弱信号小区（或远距离小区）的覆盖。

5.4.4 案例三：Ec/Io 差导致导频污染

【问题现象描述】

复兴门桥附近存在较严重导频污染，如图 5.26 所示。

【问题分析】

在复兴门桥附近区域，由于周围基站小区较密集，WBJ01048B1 越区覆盖，WBJ01048B1、WBJ02622C1、WBJ03001A1、WBJ03001B1 和 WBJ01028C1 信号强度相当，导致 EcIo 值比较差，造成该路段导频污染。

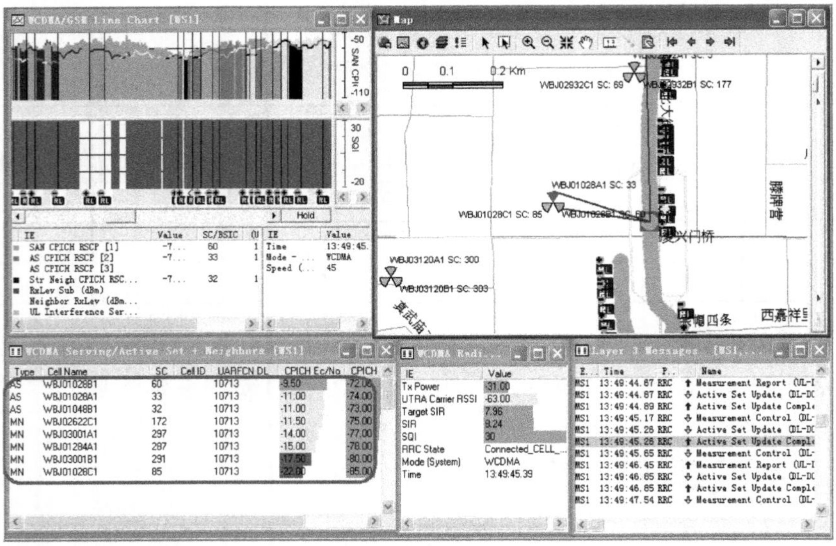

图 5.26　导频污染的问题点

【调整建议措施】

选取 WBJ01028A1 和 WBJ01028B1 选作主服务小区，通过调整天线降低其他小区在该区域的信号强度，消除导频污染。

- WBJ01048B1 小区天线电子下倾角下压 5°。
- WBJ01028C1 下压 5°。
- WBJ01028A1 和 WBJ01028B1 下压 4°（为了加强该区域的覆盖）。
- WBJ02622C1 下压 3°。
- WBJ03001A1 下压 6°。
- WBJ03001B1 下压 3°。

【结果验证分析】

如图 5.27 所示，复兴门桥附近区域相比调整前有了很大的改观。WBJ01028A1RSCP 值为 −54 dBm，周围其他小区信号强度与该小区相差都在−10 dBm 以上，从而 WBJ01028A1 成为该地区主导小区，可见通过对周围天线的调整有效地改善了该地区的导频污染情况。

5.4.5　案例四：弱覆盖导致导频污染

【问题现象描述】

某路段存在导频污染情况，如图 5.28 所示。

【问题分析】

如图 5.28 所示，在某路段上基站分布较少，问题区域主要由 WBJ03177A1、WBJ03079A1、WBJ00539B1 等小区覆盖，这些小区距离较远，在问题区域的信号强度接近，造成了问题区域切换频繁，出现导频污染现象。

【调整建议措施】

可以通过天线调整解决问题，但是考虑到这几个小区在该地信号强度都在−85 dB 左右，而且距离较远，调整天线可能效果不明显。而问题区域附近有未开站 WBJ01117，催开该站，使问题区域由 WBJ01117A1、WBJ01117B1 担任主导小区，则可以有效解决该地区的导频污染问题。

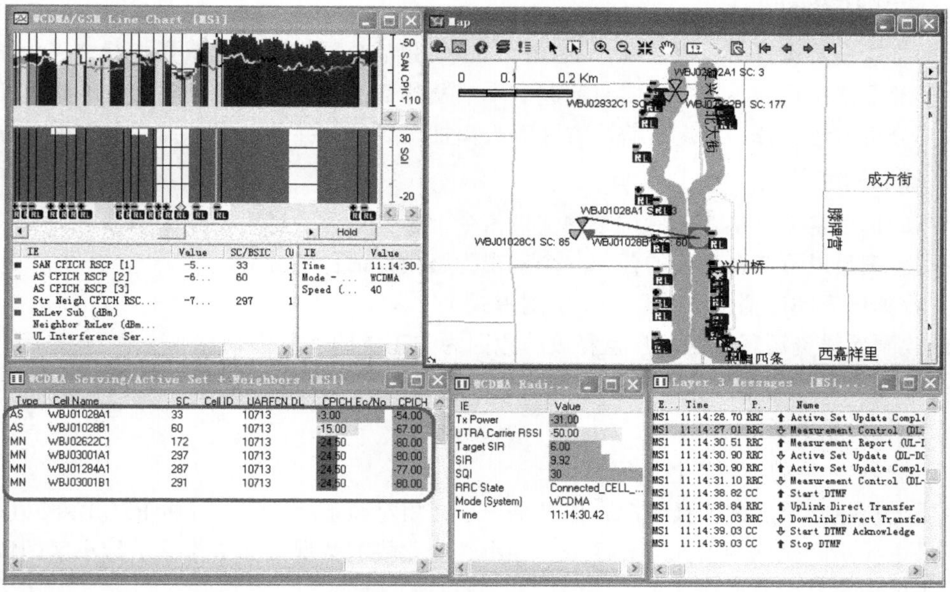

图 5.27　调整后的结果

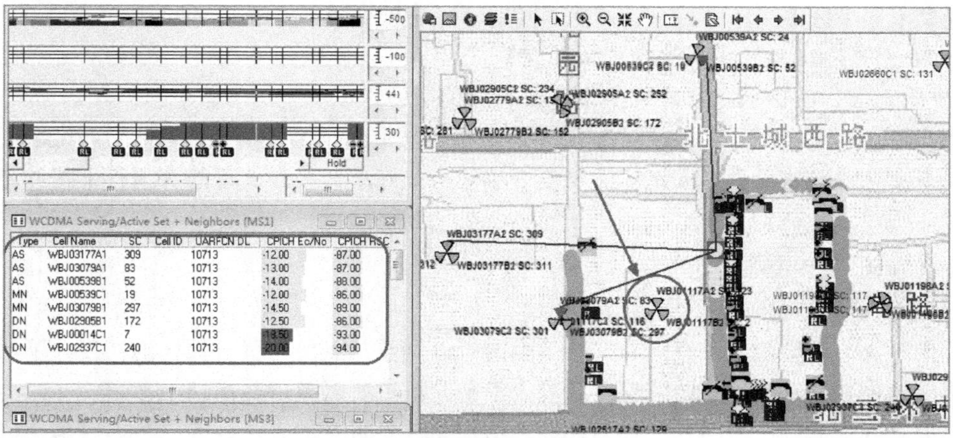

图 5.28　某路段导频污染问题点

通过以上案例，可见关于导频污染的解决：最直接的目的就是要使问题区域出现一个信号强度足够高的导频，使该导频强度区别于周围其他导频。要达到这个要求，对于信号覆盖不好的地方，可以通过催开站、调整天线来解决。对于信号覆盖好的地方，则需要通过天线调整，减弱其他小区在问题区域的覆盖，使主导小区信号强度明显高于其他小区。

如果天线调整无法解决，还可以通过功率参数调整的方式来处理。将那些通过天线调整无法解决的干扰信号发射功率减小。但是功率调整效果一般不太明显，而且可能引起网络出现其他问题，所以目前解决导频污染主要还是通过天线调整的方式。

5.5 掉话问题优化分析

5.5.1 掉话问题简介

在网络建设及运营中，掉话率（call drop rate）是反映网络质量的重要指标之一；掉话问题也是日常网络优化面临的一个常见问题。本节从掉话的定义、掉话处理的基本流程、各种掉话数据分析方法、掉话问题的解决方法等方面加以研究，并结合实际掉话案例进行分析。

1. **掉话的定义**

路测的掉话定义：从 UE 侧记录的空口信令上看，在通话过程（连接状态下）中，如果空口的消息满足以下 3 个条件的任何一个就视为路测掉话：

① 收到任何的广播信道消息。（空闲模式）

② 收到无线资源释放的消息且释放的原因为非正常的。

③ 收到呼叫控制断连接、呼叫控制释放等消息，而且释放的原因为非正常的。

2. **掉话分析关键**

（1）分析主导小区的变化情况

主要分析主导小区的变换情况，如果主导小区相对稳定，进一步分析 RSCP 和 EcIo 的情况；如果主导小区变化频繁，需要区分主导小区变化快的情况。如果没有主导小区的情况，可进一步进行乒乓切换掉话分析。

（2）分析主导小区信号 RSCP 和 EcIo

观察主导小区 RSCP 和 EcIo，根据不同的情况分别处理。

RSCP 差，EcIo 差，可以确定为覆盖问题。

RSCP 正常，EcIo 差（排除切换来不及导致的），可以确定为导频干扰问题。

RSCP 正常，EcIo 正常，如果 UE 活动集中小区与最好小区不一致，可能为邻区漏配或者切换来不及导致的掉话；如果 UE 活动集中小区与最好小区一致，可能为上行干扰或者异常掉话。

3. **掉话的解决措施**

1）工程参数调整

工程参数的调整是非常有限的，最基本的可以调整站点的位置、天线的高度、下倾角、方向角、天线增益以及天线的波瓣宽度等，最初阶段主要调整的是前四个参数。

对于上行或下行覆盖问题导致的掉话，增加站点是最好的办法，同时可以考虑更改天线的高度、下倾角，也可以更换增益更高的天线。

对于拐角效应，调整天线是比较有效的解决办法，由于拐角效应往往出现在街道拐弯的地方或者两条街道交界的地方，可以考虑通过天线的方向角与街道错开一定角度的方式来调整，但同时需要注意不能使原来街道路边商铺的覆盖有很大的影响。

对于导频污染引起的掉话问题，可以通过调整某一个天线的工程参数，使该天线在干扰位置成为主导小区；也可以通过调整其他几个天线参数，减小信号到达这些区域的强度从而减少导频个数；如果条件许可，可以增加新的基站覆盖这片地区。

工程参数的调整需要综合考虑整个小区的调整效果，在解决一个问题的同时要注意不在其他区域引入新的问题。

一般来说，在不方便频繁调整天线并且有条件进行仿真的时候，在调整前后需要分析仿真结果；如果没有条件进行仿真，但方便多次调整天线的时候，可以根据经验并结合实际路测的方法来进行调整。

2）参数调整

（1）小区偏置

该值与实际测量值相加所得的数值用于 UE 的事件评估过程。UE 将该小区原始测量值加上这个偏置后作为测量结果用于 UE 的同频切换判决，在切换算法中起到移动小区边界的作用。

该参数设置越大，则软切换越容易，处于软切换状态的 UE 越多，占用资源越多；设置越小，软切换越困难，有可能影响接收质量。

（2）软切换相关的延迟触发时间

延迟触发时间是 1A、1B、1C 和 1D 事件相关的触发时间，触发时间的配置会影响切换的及时性。一般情况下，默认参数的配置能够满足绝大多数场景的要求，但对于一些密集城区，需要通过容易加入活动集和难以从活动集中删除这样的方式来切换过于频繁或者来不及切换避免掉话。

触发时间配置对切换区比例的影响比较大，特别是 1B 事件触发时间的调整可以比较好地控制切换比例。

切换参数可以针对小区设置，在根据环境设定了一套基本参数之后，针对每个小区单独进行调整，可以把参数更改的影响限制在几个小区之间，对系统的影响也较小。

在实际工作之中，我们解决问题主要还是靠第一种方法，即工程参数的调整。为了更加明确地说明，看下面最常见的软切换掉话的解决方法：

① 调整天线，使目标小区的天线覆盖能够越过拐角，在拐角之前就能发生切换，或者使当前小区的天线覆盖越过拐角，从而避免拐角带来的信号快速变化过程来降低掉话。在实际的实施过程中，由于天线工程参数的调整以及是否能越过拐角的判断过多地依赖于经验，使得这个方法的实施存在一定困难。

② 针对小区配置 1A 事件参数，使得切换更容易触发。比如，降低触发时间为 200 ms，减小迟滞；一般情况需要针对小区进行配置，这个参数的更改会导致该小区和其他小区（没有拐角效应的小区）的切换也更容易发生，可能会造成过多的乒乓切换。

综合以上措施，建议优先采用方法①，如果方法①不能解决，采用方法②。不过现在遇到的软切换掉话问题一般用方法①都能解决。

5.5.2　案例一：邻区漏配导致掉话

【问题现象描述】

车辆在某路段由北向南行驶，UE 占用的主服务小区在南明求恩百姓医院 1（Ec/Io 为 −16.61 dB，RSCP 为 −96.65 dBm）和南明南冲巷 3（Ec/Io 为 −16.22 dB，RSCP 为 −96.24 dBm）间来回切换，如图 5.29 所示。从图 5.30 邻区表中看出，南明太慈桥仪器仪表公司 2（Ec/Io 为 −4.69 dB，RSCP 为 −84.71 dBm），存在邻区漏配问题，且主服务小区没有更好的邻区切换，由于 Ec/Io 逐渐变差，最终导致掉话。

【问题分析】

从图 5.29 中看出，掉话位置应为南明求恩百姓医院 1 扇区的信号，但是从图 5.30 可以看出，扇区 2 的信号始终比 1 扇区的好，怀疑南明求恩百姓医院站存在 1 扇区和 2 扇区接反，且存在越区覆盖现象。

另外：太慈桥仪器仪表公司 2 信号较强，未添加到服务小区的邻区中。

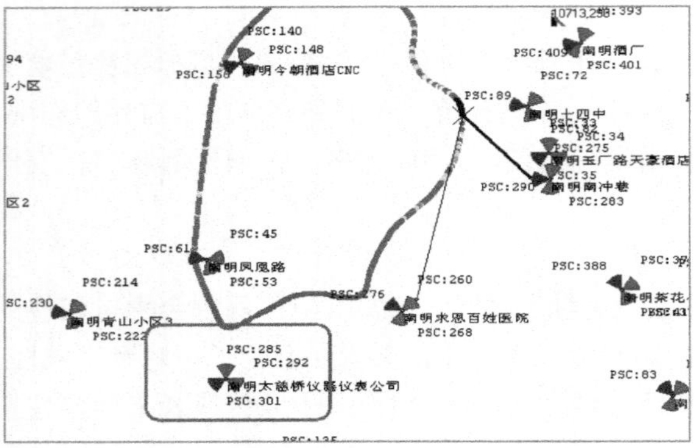

图 5.29 某路段掉话示意图

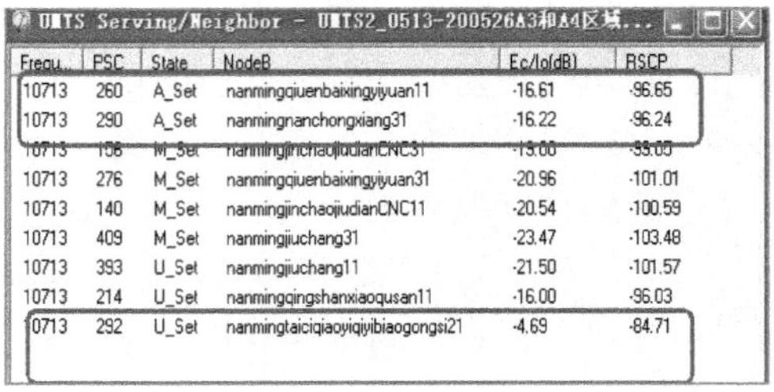

UMTS Serving/Neighbor - UMTS2_0513-200526A3和A4区域...

Frequ...	PSC	State	NodeB	Ec/Io(dB)	RSCP
10713	260	A_Set	nanmingqiuenbaixingyiyuan11	-16.61	-96.65
10713	290	A_Set	nanmingnanchongxiang31	-16.22	-96.24
10713	158	M_Set	nanmingjinchaojiudianCNC31	-19.00	-93.05
10713	276	M_Set	nanmingqiuenbaixingyiyuan31	-20.96	-101.01
10713	140	M_Set	nanmingjinchaojiudianCNC11	-20.54	-100.59
10713	409	M_Set	nanmingjiuchang31	-23.47	-103.48
10713	393	U_Set	nanmingjiuchang11	-21.50	-101.57
10713	214	U_Set	nanmingqingshanxiaoqusan11	-16.00	-96.03
10713	292	U_Set	nanmingtaiciqiaoyiqiyibiaogongsi21	-4.69	-84.71

图 5.30 掉话服务小区和邻区

【调整建议措施】

整改南明求恩百姓医院的天馈接线，将 1 扇区下倾角从 6° 调整为 8° 。把南明求恩百姓医院 1 扇区和南明南冲巷 3 扇区分别添加太慈桥仪器仪表公司 2 扇区的邻区中。

【结果验证分析】

优化后的效果如图 5.31 所示。

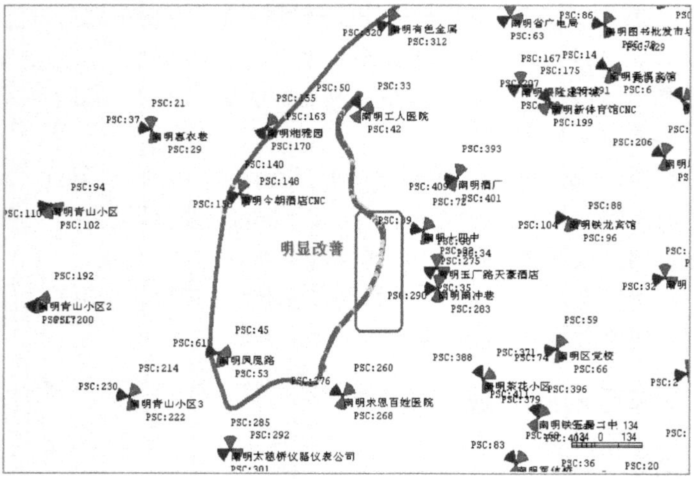

图 5.31 优化后的效果

5.5.3 案例二：弱覆盖导致掉话

在工程实施过程中，由于基站开通速度不一致，可能会导致某些路段覆盖太差而导致掉话，需要促使开通基站，以保证通信业务的进行。

【问题现象描述】

如图 5.32 所示，车辆在某南路行驶，南明宝山南路加油站与南明经典时代这两个基站因为传输不通所以无法覆盖该区域，从而导致宝山南路冶金厅附近弱覆盖从而引起掉话。

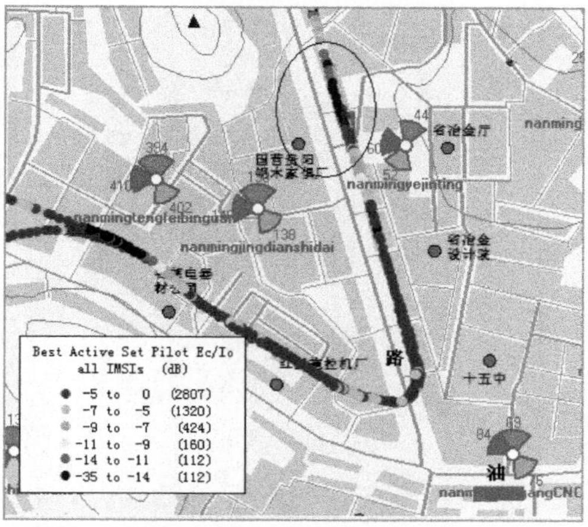

图 5.32　某南路掉话示意图

【问题分析】

该区域覆盖较差，Ec/Io 低于-14 dB，已经无法正常提供业务。

【调整建议措施】

从工程角度来看：将南明经典时代与南明宝山南路加油站这两个基站开启。这样不但可以减轻南明地化所与南明贵刚 CNC 的覆盖负担，也可以解除宝山南路冶金厅弱覆盖的问题。

从优化角度来看：如果不能开启南明宝山南路加油站与南明经典时代这两个基站。调整南明冶金厅 3 扇区（扰码为 60）或者南明在水一方 2 扇区（扰码为 408）的方位角，提高这两个扇区在弱覆盖点的覆盖质量。

【结果验证分析】

如图 5.33 所示，在南明宝山南路加油站开启后，以前因宝山南路（靠近冶金厅）弱覆盖而掉话的问题已经解决，并且 Ec/Io 处于-5 到-7 阶段。

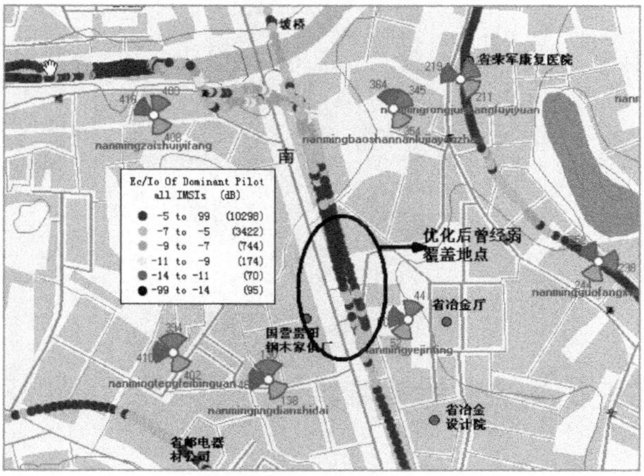

图 5.33　优化后的效果

5.5.4 案例三：缺邻区导致掉话

【问题现象描述】

由于缺邻区出现掉话，如图 5.34 所示。

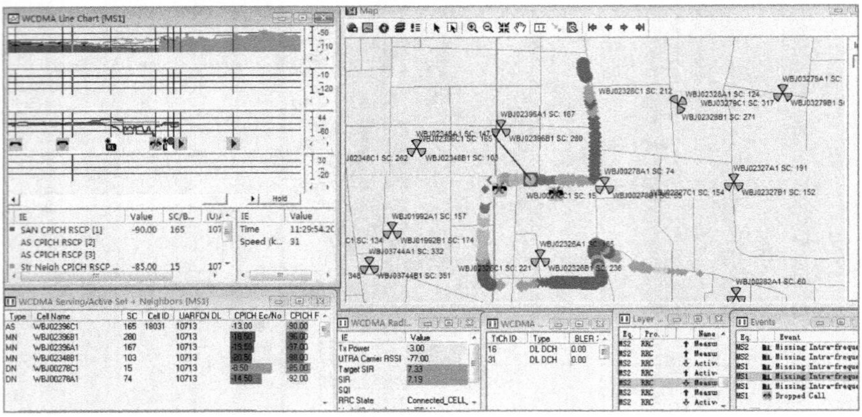

图 5.34　缺邻区掉话示意图

【问题分析】

该路段由于 WBJ02396C1 与 WBJ00278C1 之间无邻区关系导致 Ec/No 恶化最终掉话。

【调整建议措施】

添加 WBJ02396C1 与 WBJ00278C1 双向邻区。

【结果验证分析】

复测切换正常，如图 5.35 所示。

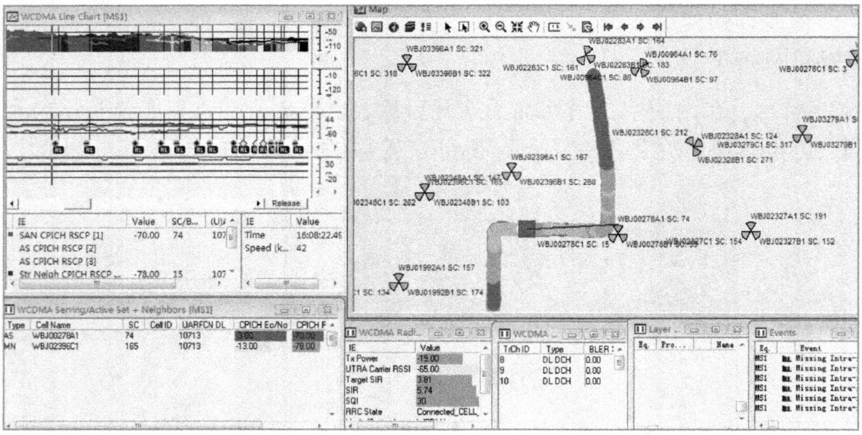

图 5.35　优化后的效果

5.5.5 案例四：邻区优先级低导致掉话

【问题现象描述】

由于邻区优先级问题出现掉话，如图 5.36 所示。

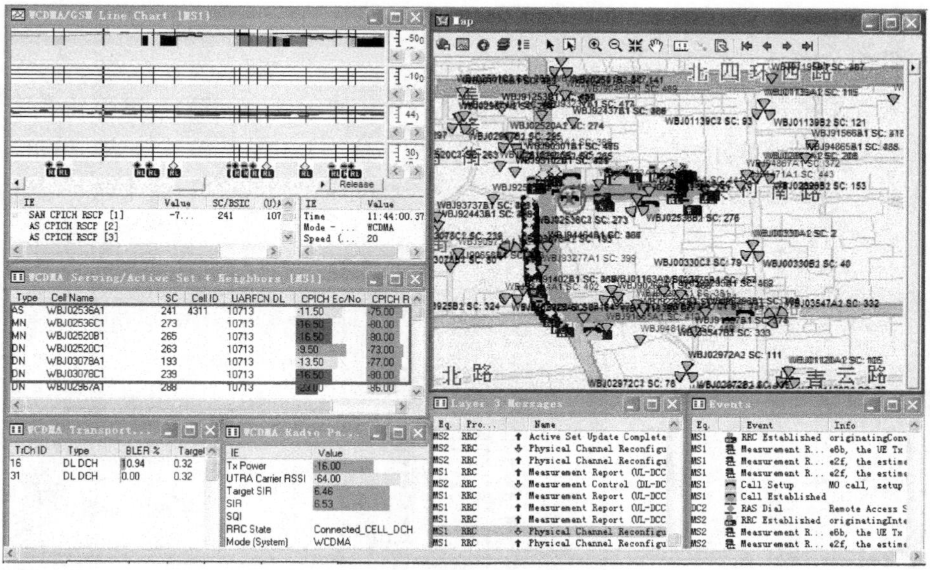

图 5.36　邻区问题掉话示意图

【问题分析】

检查最新的邻区表发现 WBJ02536A1（中关村南路）与 WBJ02520C1（海淀黄庄）有邻区关系，但邻区优先级为 23，邻区优先级过低，导致切换不及时，Ec/No 恶化最终掉话。

【调整建议措施】

将 WBJ02536A1（中关村南路）与 WBJ02520C1（海淀黄庄）邻区优先级提高到 1。

【结果验证分析】

如图 5.37 所示，复测正常，该路段无掉话。

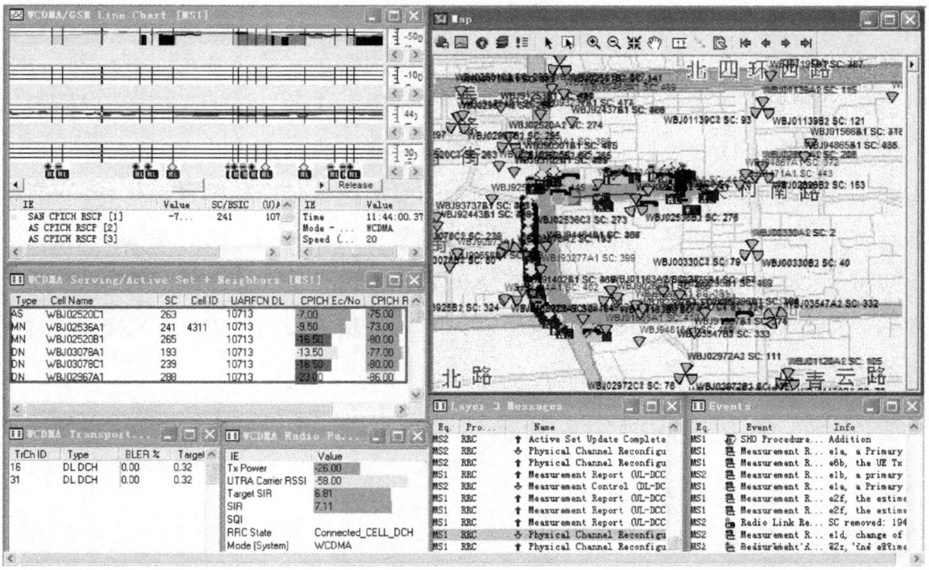

图 5.37　优化后的效果

5.5.6　案例五：基站问题导致掉话

一般来说，对于 Voice 而言，UE 一般可以在 CPICH 的 EcNo 大于-14 dB 下正常工作，并且对 EcNo 的敏感程度要比 RSCP 强，UE 可以在 RSCP 值为-110 dB 而 EcNo 在-10 dB 以上时正常工作，而不论 RSCP 有多好，EcNo 差到-14 dB 左右时 UE 却不能正常工作，所以在工作之中信号质量相对重要一些。案例如图 5.38 所示。

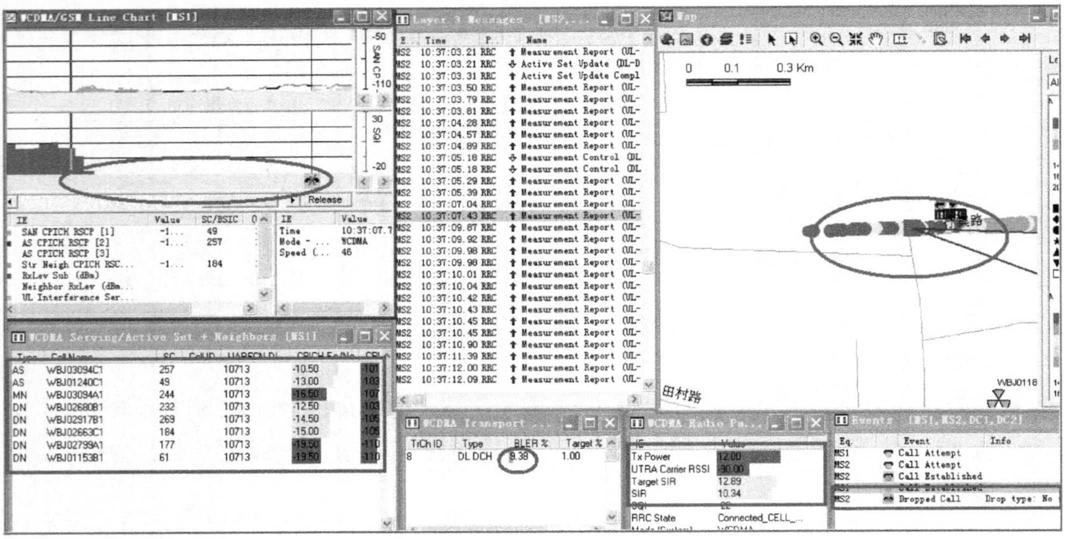

图 5.38　弱覆盖掉话示意图

确认覆盖问题的最简单方式是直接观察 Scanner 采集的数据，若最好小区的 RSCP 和 EcNo 都很低，就可以认为是覆盖问题。

由于缺站、扇区接错、功放故障导致站关闭等原因都会导致覆盖差，在一些室内，由于过大的穿透损耗也会导致覆盖太差，扇区接错或者站点由于故障原因关闭等容易在优化过程中出现，表现为其他小区在掉话点的覆盖差，需要注意分析区别。

解决方案：覆盖的问题一般如果有基站问题（如扇区接错、功放故障）等问题就要首先排障；如果基站没有类似问题，周围有基站可以调整，且调整后不会带来新的问题，可以通过调整天线工程参数（如电子下倾角、机械下倾角、方向角等）来解决；如果周围没有可以调整的基站，且有基站尚未开通可以请求催开站；如果周围没有基站，可以请求增加新站。对于本案例也可以催开附近未开通的基站。

5.5.7　案例六：软切换问题导致掉话

软切换导致掉话主要有两类原因：

1. 切换不及时导致掉话

切换不及时的掉话测试时主要表现为信号突变，如图 5.39 和图 5.40 所示。

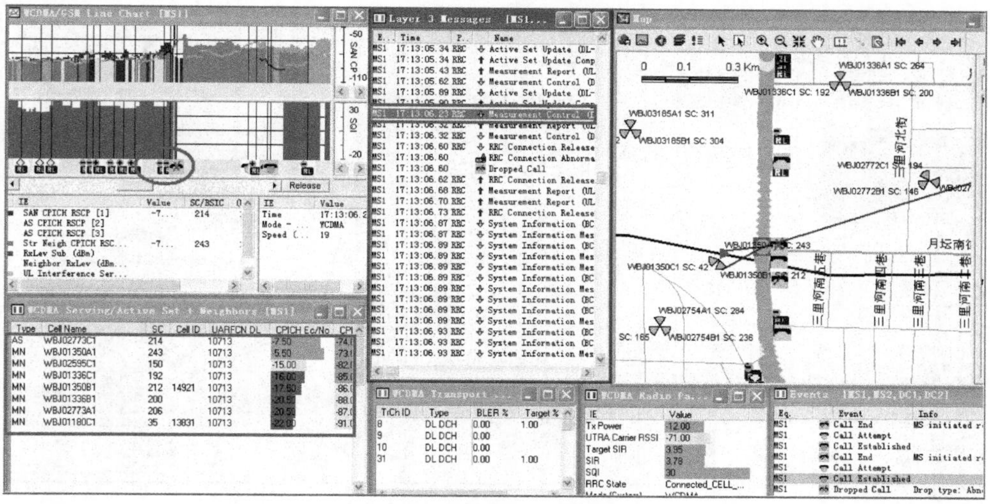

图 5.39　信号突变前

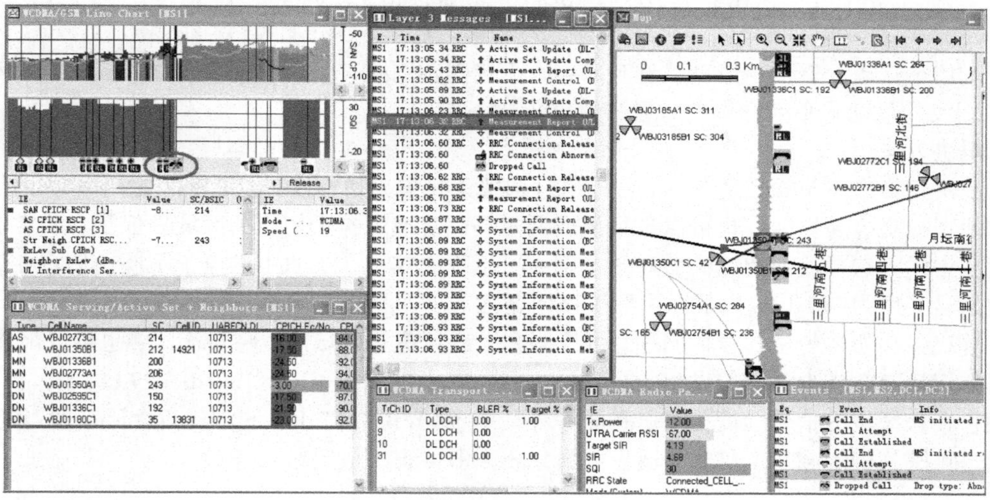

图 5.40　信号突变后

从信令流程上看，CS 业务表现为手机收不到活动集更新命令。从信号上看，切换来不及主要有以下现象：

① 拐角：源小区 Ec/Io 陡降，目标小区 Ec/Io 陡升（即突然出现就是很高的值）。

② 针尖：源小区 Ec/Io 快速下降后一段时间后上升，目标小区出现短时间的陡升。

从信令流程上看，一般在掉话前手机上报了邻区的 1A 或者 1C 测量报告，RNC 也收到了测量报告，并下发了活动集更新消息，但 UE 收不到活动集更新消息。

2. **乒乓切换导致掉话**（见图 5.41）

乒乓切换主要有以下两种现象：

① 主导小区变化快：两个或者多个小区交替成为主导小区，主导小区具有较好的 RSCP 和 Ec/Io，每个小区成为主导小区的时间很短。

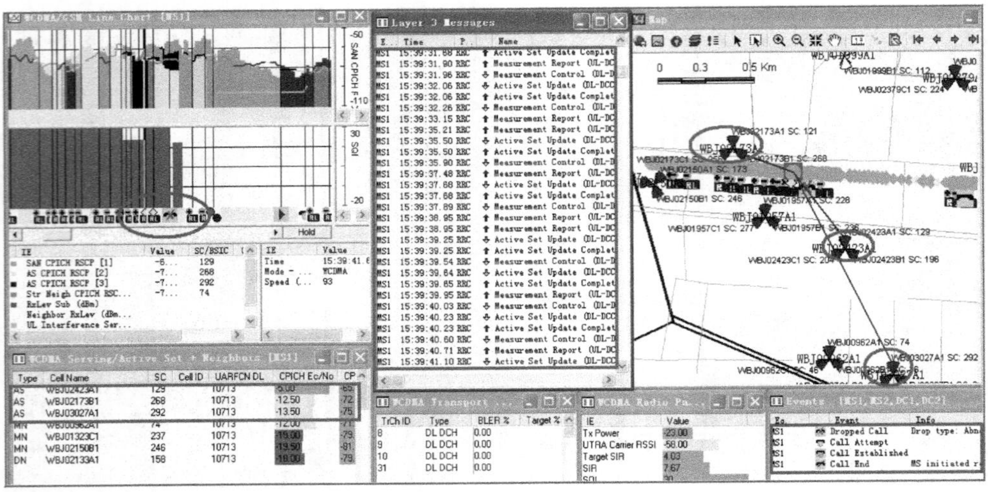

图 5.41　乒乓切换导致掉话示意图

② 无主导小区：存在多个小区，RSCP 正常而且相互之间差别不大，每个小区的 Ec/Io 都很差。

从信令流程上看，一般可以看到同一个小区刚刚删除，然后马上要求加入，此时收不到 RNC 下发的活动集更新命令，导致失败。

解决方法：

解决切换来不及导致的掉话，可以通过调整天线扩大切换区，也可以配置 1a 事件的切换参数使切换更容易发生；也可以进行天线调整，改变或者扩大切换的区域。但是在日常的解决问题中优先选择后面的方法。对于本例中可以下调 WBJ02773C1 的电子下倾角使它在该区域的信号强度为−90 dBm 以下即可解决该问题。

解决乒乓切换带来的掉话问题，可以调整天线使覆盖区域形成主导小区，也可以配置 1b 事件的切换参数减少乒乓的发生等方法来进行；对于本例中可以压 WBJ03027A1 的电子下倾角使它在该区域的信号强度为−90 dBm 以下，调整 WBJ02173B1 的方向角由原来的 120°为 110°，确保 WBJ02423A1 在此区域为主服务小区即可解决该问题。

习　　题

一、填空题

1. RF 优化针对一组或者一簇基站同时进行，不能单站点孤立地做。这样才能够确保在优化时是将________干扰考虑在内的。

2. ________验证是优化第一阶段，涉及每个新建站点的功能验证。

3. 某些基站的覆盖区域超过了规划的范围，在其他基站的覆盖区域内形成不连续的主导区域，这种现象属于________。

4. 覆盖区域导频信号的 RSCP 小于－95 dBm，称为________。

5. 检查区域覆盖情况，建议标准如下，使用于室外接收机测量：

好（Good）：　RSCP ≥−________dBm

一般（Fair）：　−________dBm ≤ RSCP <________dBm

差（Poor）：　RSCP <________dBm

6. 假定手机最大发射功率 21 dBm，则定义对应的质量标准为：

好（Good）： UE_Tx_Power ≤________ dBm

一般（Fair）:________ dBm < UE_Tx_Power ≤________ dBm

差（Poor）： UE_Tx_Power >________dBm

7. ________主要表现在原小区信号快速下降，目标小区信号很快上升，手机收不到活动集更新而导致掉话。

8. 在 RF 优化阶段，涉及的切换问题主要是________优化和路测________比例控制。

9. 邻区优化包括邻区增加和邻区删除两种情况：________邻区是指强的小区不能加入激活集导致干扰加大甚至掉话；________邻区是指使邻区消息庞大，增加不必要的信令开销，而且在邻区满配时无法加入需要的邻区。

10. 优化切换参数的主要思路是通过调整切换事件________，切换________，小区偏置等参数来优化切换的执行速度和范围，从而改善切换性能。

11. WCDMA 无线网络规划中，应尽量避免孤立高站的布局。高站通常会导致________覆盖、________污染，以及负荷过重等问题，严重影响网络性能。

12. 如果接收机和 UE 测得的 RSCP 和 Ec/Io 在掉话前均变________，则检查覆盖情况。

13. 导频污染优化的关键是形成________。

二、选择题

1. 业务性能指标包括（　　）。
   A. 覆盖率（RSCP、Ec/Io）　B. 接通率
   C. 掉话率　D. BLER
2. WCDMA 系统特性包括（　　）。
   A. 码分多址，全网同频　B. 软覆盖，软容量
   C. 支持软切换和硬切换　D. 网络同时承载不同 QoS 要求的多种业务
3. （　　）问题是 3G 网络所特有的，而 2G 网络不存在。
   A. 覆盖空洞　B. 越区覆盖　C. 软切换　D. 导频污染
4. 以下属于 RF 优化目标的是（　　）
   A. 减小覆盖盲点　B. 消除导频污染
   C. 调整邻区关系　D. 调整软切换因子
5. 以下是 RF 优化方法的是（　　）。
   A. 主导小区分析，覆盖分析　B. 干扰分析
   C. 导频污染　D. 掉化分析
6. WCDMA 网络中，覆盖优化的主要手段是（　　）。
   A. 优先通过调整天线方位角和下倾角来改善局部地区覆盖
   B. 调整基站发射功率
   C. 调整基站站高
   D. 必要时需要迁站、加站或减站
7. RF 的问题可以归于（　　）类别。
   A. 弱覆盖　B. 越区覆盖　C. 上下链路不平衡　D. 无主导小区
8. 如果某个小区被怀疑在测试期间没有发射功率，这个问题必须在进行下一步分析之

前加以验证。如果有小区没有发射功率，路测必须重做，种现象属于（　　）。

A. 无主导小区的区域　　B. 越区覆盖或者不良覆盖小区

C. 无覆盖或弱覆盖小区　　D. 上下行覆盖不平衡

9. 如果在下行或者上行覆盖比较好的时候对方覆盖比较差，且此问题对各种业务都有影响，典型的为寻呼不到用户，这种现象属于（　　）。

A. 无主导小区的区域　　B. 越区覆盖或者不良覆盖小区

C. 无覆盖或弱覆盖小区　　D. 上下行覆盖不平衡

10. 由高站或者天线倾角不合适导致的，而且小区会对邻近小区造成干扰，从而导致容量下降，这种现象属于（　　）。

A. 无主导小区的区域　　B. 越区覆盖或者不良覆盖小区

C. 无覆盖或弱覆盖小区　　D. 上下行覆盖不平衡

11. 当主导小区更换过于频繁的地区，导致频繁切换，进而降低系统效率，增加了掉话的可能性，这种现象属于（　　）

A. 无主导小区的区域　　B. 越区覆盖或者不良覆盖小区

C. 无覆盖或弱覆盖小区　　D. 上下行覆盖不平衡

12. 以下属于弱覆盖措施的是（　　）。

A. 可以通过增强导频功率、调整天线方向角和下倾角，增加天线挂高，更换更高增益天线等方法来优化覆盖

B. 新建基站，或增加周边基站的覆盖范围，使两基站覆盖交叠深度加大，保证一定大小的软切换区域，同时要注意覆盖范围增大后可能带来的同邻频干扰

C. 新增基站或 RRU，以延伸覆盖范围

D. RRU、室内分布系统、泄漏电缆、定向天线等方案来解决

13. 下行覆盖分析的方法是（　　）。

A. 导频覆盖强度的分析　　B. 主导小区分析

C. UE 和 Scanner 的覆盖对比分析　　D. UE 上行发射功率分布

14. 小区主导性分析是对 DT 测试获得的小区扰码信息进行分析。需要检查的内容包括（　　）。

A. 弱覆盖小区　　B. 越区覆盖小区

C. 无主导小区的区域　　D. 上行覆盖分析

15. 上行覆盖的分析方法包括（　　）。

A. 上行干扰分析　　B. 越区覆盖或者不良覆盖小区

C. UE 上行发射功率分布　　D. 上下行覆盖不平衡

16. 以下说法错误的是（　　）。

A. 针对无主导小区的区域，应当通过调整天线下倾角和方向角等方法，增强某一强信号小区（或近距离小区）的覆盖，削弱其他弱信号小区（或远距离小区）的覆盖

B. 无主导小区是指没有主导小区或者主导小区更换过于频繁的地区

C. 无主导小区会导致频繁切换，进而降低系统效率，增加了掉话的可能性

D．无主导小区不会导致频繁切换，不会影响系统效率，与掉话无关

17．以下是拐角效应措施的有（　　）

A．调整天线，使得目标小区的天线覆盖能够越过拐角，在拐角之前就能发生切换

B．调整天线，使得目标小区的天线覆盖能够越过拐角，在拐角之后就能发生切换

C．针对小区配置 1a 事件参数，使得切换更容易触发

D．配制拐角效应的两个小区之间的 CIO，使目标小区更容易加入

18．某小区信号较强，但未被配置成服务小区的邻区，因此不能和服务小区进行软切换，对服务小区产生强干扰，属于（　　）。

A．邻区漏配　　B．单向邻区　　C．邻区多配

19．（　　）会加重 UE 的负担，降低邻区搜索的效率，可能会影响软切换的性能。

A．邻区漏配　　B．单向邻区　　C．邻区多配

20．小区 A 将小区 B 配置成邻区，但小区 B 未将小区 A 配置成邻区，因此当 UE 从小区 B 向小区 A 移动时，将会因为不能软切换而掉话，这种现象属于（　　）。

A．邻区漏配　　B．单向邻区　　C．邻区多配

21．对于一般的切换问题，邻区的完整性和准确性也有相当程度的影响，典型的邻区问题包括（　　）。

A．邻区漏配　　B．单向邻区　　C．同扰码邻区　　D．同频干扰

22．（　　）指与某个移动台建立连接的小区的集合；用户信息从这些小区发送。

A．激活集　　B．检测集　　C．监测集　　D．有效集

23．根据 UTRAN 分配的相邻结点列表而被监测的小区，属于（　　）。

A．激活集　　B．检测集　　C．监测集　　D．有效集

24．既不在有效集中，也不在监测集中的小区，属于（　　）。

A．激活集　　B．检测集　　C．监测集　　D．有效集

25．根据采集的 Scanner 路测数据，可以得到软切换区比例，其定义为（　　）。

A．$软切换区比例=\dfrac{\text{Scanner 路测采集符合切换条件的点数}}{\text{Scanner 路测采集的总点数}}$

B．$软切换区比例=\dfrac{\text{Scanner 路测采集的总点数}}{\text{Scanner 路测采集符合切换条件的点数}}$

C．$软切换区比例=\dfrac{\text{Scanner 路测采集的总点数}}{\text{Scanner 路测采集不符合切换条件的点数}}$

D．$软切换区比例=\dfrac{\text{Scanner 路测采集不符合切换条件的点数}}{\text{Scanner 路测采集的总点数}}$

26．触发软切换事件报告的门限范围是（　　）。

A．Reporting Range Constant　　B．Hysteresis

C．Time to trigger　　D．Amount of reporting

27．进行事件判决的滞后量是（　　）。

A．Reporting Interval　　B．Hysteresis

C．Time to trigger　　D．Amount of reporting

28. 监测到事件发生的时刻到事件上报的时刻之间的时间差是（　　）。
A. Reporting Interval
B. Hysteresis
C. Time to trigger
D. Amount of reporting

29. 事件触发时周期上报的次数是（　　）。
A. Reporting Interval
B. Hysteresis
C. Time to trigger
D. Amount of reporting

30. 事件触发时周期上报的时间间隔是（　　）。
A. Reporting Interval
B. Hysteresis
C. Time to trigger
D. Amount of reporting

31. 在某一点存在过多的强导频，但却没有一个足够强的主导频。由此，当同时满足下面（　　）条件时，判定该点存在导频污染。
A. 满足条件 CPICH_RSCP>–100 dBm 的导频个数大于 5 个
B. 最强导频与最弱导频的差值小于 5 dB
C. 满足条件 CPICH_RSCP>–100 dBm 的导频个数大于 3 个
D. 最强导频与最弱导频的差值小于 3 dB

32. 产生导频污染的原因是（　　）。
A. 小区布局不合理
B. 基站选址或天线挂高太高
C. 天线方位角设置不合理
D. 覆盖区域周边环境影响

33. 以下不属于导频污染特征的是（　　）。
A. 同一区域存在三个以上强度接近的导频，无明显主导频
B. 覆盖区域导频强度 Ec 较好，但 Ec/Io 较差
C. 切换频繁，不稳定
D. 无线接入失败和掉话的比率较低

34. 导频污染的优化措施是（　　）。
A. 调整天线方位角和下倾角
B. 调整基站发射功率
C. 必要时在导频污染区加站
D. 采用电调下倾天线

35. 以下不是导频污染的调整原则的是（　　）。
A. 增强主导小区的覆盖
B. 减弱非主导小区的覆盖
C. 减弱主导小区的覆盖
D. 增强非主导小区的覆盖

36. 无线掉话的常见原因，主要有（　　）。
A. 无线覆盖不好，邻区配置不当
B. 切换掉话；干扰掉话
C. 负荷过重；参数设置不当；终端问题
D. 天馈问题；设备故障；传输故障

37. 如果在掉话前，仅仅 UE 测量的 RSCP 和 Ec/Io 恶化，接收机信号没有变化，则检查（　　）。
A. UE 与接收机测量的最佳小区是否一致（如果不一致，可能是 UE 没有进行软切换）
B. UE 是否在掉话后立即驻留到了新的小区

C. 如果UE在掉话后驻留到了新的小区，该小区与掉话前的服务小区是否存在相邻关系

D. UE是否在掉话前测量到该相邻小区

三、判断题

1. WCDMA 网络优化目标的前期优化是 CS 域是语音业务、视频电话；PS 域是PS64/128/384k承载。 (　　)

2. 在某一点存在过多的强导频，但却没有一个足够强的主导频，叫导频污染。 (　　)

3. RSCP≥ −95 dBm表明覆盖好。 (　　)

4. Ec/Io＜−14 dB表明干扰差。 (　　)

5. 由于WCDMA网络同频干扰，小区间相互影响的特性，调整一个小区会影响到周边所有地段，天线调整需要进行一次。 (　　)

6. 一旦规划区域内的所有站点安装和验证工作完毕，全网优化工作随即开始。这是优化的主要阶段之一。 (　　)

7. Scanner相对于测试UE接收精度低、采样频率低，用于导频优化。 (　　)

8. 针对越区覆盖，可以通过增强导频功率、调整天线方向角和下倾角、增加天线挂高、更换更高增益天线等方法来优化覆盖。 (　　)

9. WCDMA网络中，无线覆盖好体现为EC和Ec/Io指标均好。 (　　)

10. UE高发射功率意味着可能高的上行干扰。 (　　)

11. 切换失败可能是由于越区覆盖导致的。 (　　)

12. 尽量避免天线正对道路传播，或利用周边建筑物的遮挡效应，减少越区覆盖，同时无须注意是否会对其他基站产生同频干扰。 (　　)

13. 上下行不平衡比较容易导致掉话，常见的原因是上行覆盖受限。 (　　)

14. 拐角效应的调整措施主要是目标小区的覆盖，将切换区域前移，使切换发生在拐弯之后。 (　　)

15. 邻区是监测集中的小区，只有邻区才可以进入激活集。 (　　)

16. 在优化切换区域的无线覆盖过程中，要通过调整天线的方位角、下倾角等手段重点改善导频污染和切换区过短（或过长）问题。 (　　)

17. 海面覆盖、沙漠、戈壁等开阔地的覆盖适合采用更高的天线挂高，尽可能增加信号的覆盖区域。 (　　)

18. 天线下倾角和导频功率设置不合理，不是导频污染的原因。 (　　)

19. 若存在3个以上强的导频，或多个导频中没有主导导频，则在这些导频之间容易发生频繁切换，从而可能造成切换掉话。 (　　)

20. 导频污染优化后无须对周围的覆盖片区进行测试。 (　　)

四、简答题

1. 简述覆盖问题的原因和解决措施。

2. 简述切换问题的原因和解决措施。

3. 简述导频污染问题的原因和解决措施。

4. 简述掉话问题的原因和解决措施。

第6章 LTE网络优化案例分析

6.1 LTE网络优化简介

1. 什么是LTE

LTE是Long Term Evolution的缩写，全称为3GPP Long Term Evolution，中文一般翻译为3GPP长期演进技术，为第三代合作伙伴计划（3GPP）标准，使用“正交频分复用”（OFDM）的射频接收技术，以及2×2和4×4 MIMO的分集天线技术规格。同时支援FDD和TDD。在每个5 MHz的蜂窝（cell）内，至少能容纳200个动态使用者。用户面单向传输时延低于5 ms，控制面从睡眠状态到激活状态迁移时间低于50 ms。2010年12月6日国际电信联盟把LTE正式称为4G。

移动数据业务的飞速发展，带来了巨大的流量，运营商的2G/3G网络已经不堪重负，纷纷开始LTE网络的建设。LTE作为新建网络，保证用户对覆盖、容量和质量的需求，同时为市场的发展提供有效的支撑是LTE网络优化的重点。

LTE时代是大流量大数据的时代，移动数据业务爆炸式增长，对于网络的容量提出更高的要求。LTE移动网络较2G、3G网络而言最大的优势在于为用户提供更高速率，针对大量用户带来的大流量大数据挑战。

2. LTE网络优化的目的

无线网络优化是为了保证在充分利用现有网络资源的基础上，解决网路存在的局部缺陷，最终达到无线覆盖全面无缝隙、接通率高、通话持续、话音质量不失真、画面质量清晰可见，保证网络容量满足用户高速发展的要求，让用户感到真正的满意。通过网络优化使用户提高收益率和节约成本。

网络优化是一个改善全网质量、确保网络资源有效利用的过程。传统的网络在大批用户使用时会造成网络拥堵，用户的感知差，随着最终网络用户的减少，导致运营商品牌形象降低。经过优化的无线网络顺畅便捷，提高了用户感知，提升了运营商品牌形象。保证和提高网络质量，提高企业的竞争能力和用户满意度，是业务发展的有力后盾。

LTE网络作为新建网络，首先需要保证网络的无缝覆盖以满足终端用户随时随地使用的需求。由于LTE所使用频率的特性以及建筑物的不同特征造成了在一些特殊场景存在覆盖问题，例如隧道、地铁、大型场馆、高层覆盖以及海洋等。另外，由于LTE承载的是移动数据业务，而大量业务产生在室内，针对室内的深度覆盖也是优化的重要内容。

覆盖优化针对室分、深度覆盖以及高铁、隧道、CBD等特殊场景进行专门设计，从设备的选型、方案部署、室内外协同、参数配置等方面来保证特殊场景的覆盖。

针对海洋、森林、草原等站点少、需要快速建网的地方，超远覆盖解决方案是一个必然的选择。针对超远覆盖，通过多天线技术、高发射功率以及 eIRC、TTI Bundling 等新技术来达到网络的良好覆盖，从而保证用户随时随地的网络应用。

仅信号强度达标还不够，在 LTE 网络中 SINR 决定着网络性能，如何获得良好的 SINR 也是网络优化的重要工作内容。通过对天线下倾角的调整，智能天线权值、天线挂高、网络结构的调整、RS 功率调整等手段来控制覆盖，使网络获取最佳的 SINR，从而保证网络的性能。

3. LTE 无线网络优化特点

（1）覆盖和质量的估计参数不同

TD-LTE 使用 RSPP、RSRQ、SINR 进行覆盖和质量的评估。

（2）影响覆盖问题的因素不同

工作频段的不同，导致覆盖范围的差异显著；需要考虑天线模式对覆盖的影响。

（3）影响接入指标的参数不同

除了需要考虑覆盖和干扰的影响外，PRACH 的配置模式会对接入成功率指标带来影响。

（4）邻区优化的方法不同

TD-LTE 系统中支持 UE 对指定频点的测量，从而没有配置邻区关系的邻区也可能触发测量事件的上报；TD-LTE 中可以通过设置黑名单来进行邻区的优化；邻区设置需要优先考虑优先级。

（5）业务速率质量优化时考虑的内容不同

与 TD-SCDMA 类似，需要考虑覆盖、干扰、UE 能力、小区用户数的影响；需要考虑带宽配置对速率的影响；需要考虑天线模式对速率的影响；需要考虑时隙比例配置、特殊时隙配置对速率的影响；需要考虑功率配置对速率的影响；需要考虑下行控制信道占用 OFDM 符号数量对速度的影响。

（6）干扰问题分析时的重点和难点不同

TD-LTE 系统会大量采用同频组网，小区间干扰将是分析的重点和难点；TD-LTE 系统采用多种方式进行干扰的抑制和消除，算法参数的优化也将是后续工作的重点和难点。

（7）无线资源的管理算法更加复杂

TD-LTE 系统增加了 X2 接口，并且采用了 MIMO 等关键技术，以及 ICIC 等算法，使得无线资源的管理更加复杂。

4. LTE 无线网络优化内容

LTE 无线网络优化中出现的问题有：覆盖问题、接入问题、掉线问题、切换问题、干扰问题。那么解决这些问题的需要优化内容具体就有：PCI 合理规划、干扰排查、天线的调整及覆盖优化、邻区规划及优化、系统参数。下面详细说明这些具体优化内容。

（1）PCI 合理规划

研究相邻小区间对 PCI 的约束：PCI 作为小区唯一的物理标识，需要满足以下要求：collision-free，相邻的两个小区 PCI 不能相同；confusion-free，同一个小区的所有邻区中不能有相同的；相邻的两个小区 PCI 模 3 后的余数不等。

采用合理的规划算法为全网分配 PCI：根据实用网络的拓扑结构计算邻区关系；根据邻

区关系为所有小区分配 PCI，考虑 PCI 复用距离尽可能远。

（2）干扰排查

TD-LTE 干扰分为系统内干扰和系统间干扰。系统内干扰：邻区同频干扰；系统间干扰：与 WLAN 间干扰、与 CMMB 间干扰、与 GSM 间干扰、与 TD-S 间干扰、与其他系统干扰。其中经过系统内与系统间的排查后，发现找出干扰问题、分析其产生的原因、找出解决方法最终解决问题。

（3）天线的调整及覆盖优化

网络问题：覆盖是优化环节中最重要的一环。针对该问题，工程建设前期可根据无线环境合理规划基站位置、天线参数设置及发射功率设置，后续网络优化中可根据实际测试情况进一步调整天线参数及功率设置，从而优化网络覆盖。解决思路：通过扫描仪和路测软件可确定网络的覆盖情况，确定弱覆盖区域和过覆盖区域。调整天线参数可解决网络中大部分覆盖问题。

解决思路：

① 强弱覆盖情况判定。通过扫描仪和路测软件可确定网络的覆盖情况，确定弱覆盖区域和过覆盖区域。

② 天线参数调整。调整天线参数可有效解决网络中大部分覆盖问题，天线对于网络的影响主要包括性能参数和工程参数两方面。

（4）邻区规划及优化

网络问题：邻区过多会影响到终端的测量性能，会导制终端测量不准确，引起切换不及时、误切换及重选慢等；邻区过少，同样会引起切换、孤岛效应等；邻区信息错误将直接影响到网络正常的切换。

合理制定邻区规划原则：TD-LTE 与 3G 邻区规划原理基本一致，规划时综合考虑各小区的覆盖范围及站间距、方位角等因素。

（5）系统参数

常规参数优化配置建议：试验阶段网络优化需调整的覆盖和切换参数。

覆盖参数主要包括：CRS 发射功率、信道的功率配置、PRACH 信道格式。

切换相关配置参数主要包括：事件触发滞后因子 Hysteresis、事件触发持续因子 TimetoTrig、邻小区个性化偏移 QoffsetCell、T304 定时器、T310 定时器。

综上所述，可以看出 LTE 无线网络优化是一项长期的、艰巨的、周而复始的持续性系统工程，这其中进行网络优化的方法很多，有待于进一步探讨和完善。需要在实践中不断探索，积累经验。全面提高网络服务质量，争取更大的经济效益和社会效益。

6.2 LTE 网络优化案例

6.2.1 案例一：2G、4G 协同优化——CSFB 性能提升案例

1．概述

TD-LTE 网络是全分组交换网络，但语音业务在很长一段时间内仍将是不可或缺的重要业务。为确保在 TD-LTE 网络上顺利开展高质量的语音业务，各标准组织都积极研究并提出了多种语音业务解决方案。单模终端可采用 CSFB（电路域回落，见图 6.1）/VOLTE 来解决

语音业务，多模双待机终端直接利用同时驻留 LTE 和 2G/3G 网络来提供语音业务。CSFB 技术适用于 2G/3G 电路域与 TD-LTE 的无线网络重叠覆盖的场景，网络结构简单，不需要部署 IMS 系统，能有效利用现有 CS 网络投资，在当前 VOLTE 业务未大面积商用情况下，CSFB 是最主要的 LTE 用户语音解决方案，也是日常的优化的工作重点和难点。

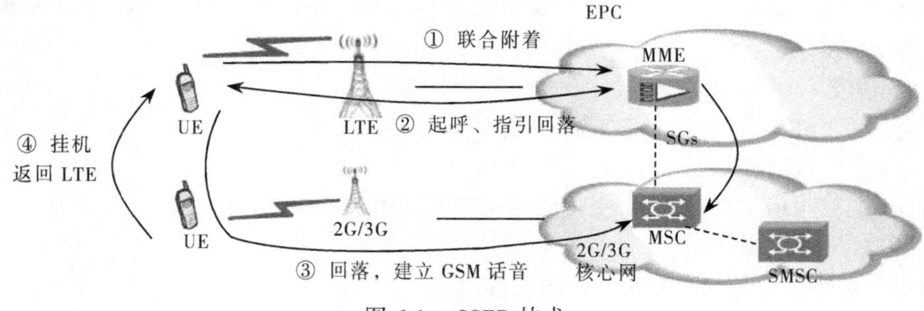

图 6.1 CSFB 技术

2. 优化思路

CSFB 关注的主要性能指标有 3 个，其中可接入性指标有 CSFB 被叫回落成功率和 CSFB 全程呼叫成功率，保持性指标有 CSFB 语音质量，对 CSFB 的优化需要从 2G、4G 综合考虑，协同优化。CSF 失败的原因有多种，主要在 LTE 阶段失败、回落阶段失败、2G 接续阶段失败，如图 6.2 所示。

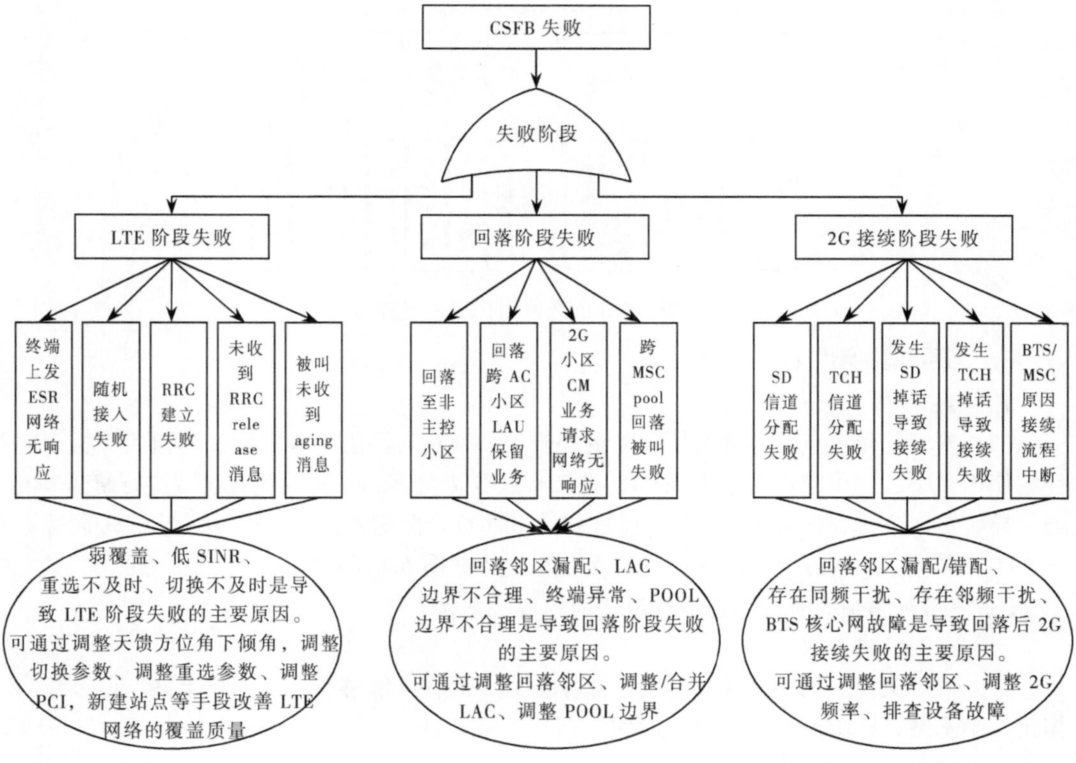

图 6.2 CSFB 失败的因素

（1）CSFB 被叫回落成功率

指标定义：CSFB 被叫回落成功率反映 CSFB 用户在被叫通话接续过程中，4G 终端从 4G 网络回落到 2G/3G 的成功率。被叫回落环节跨接 2G/4G 网络，4G 回落参数配置、2G 网络覆盖等是主要因素。

CSFB 被叫回落成功率=（CSFB 寻呼响应次数 + CSMT 呼叫他局回落次数）/ CSFB 呼叫移动用户终结试呼次数

（2）CSFB 全程呼叫成功率

指标定义：CSFB 全程呼叫成功率=接通率×（1–掉话率）

接通率=主叫接通次数总和/试呼次数总和

掉话率=主被叫掉话次数总和/主被叫接通次数总和

（3）CSFB 语音质量

指标定义：RxQuality 0～4 级的采样点占比。

（4）回落成功率优化

回落成功率涉及 2G、4G 网络，需要从不同的阶段去定位问题，各个阶段做针对性提升。

（5）语音质量优化

CSFB 语音质量就是回落后在 GSM 网络上的感知优化，优化思路同 GSM 语音质量优化，如图 6.3 所示。

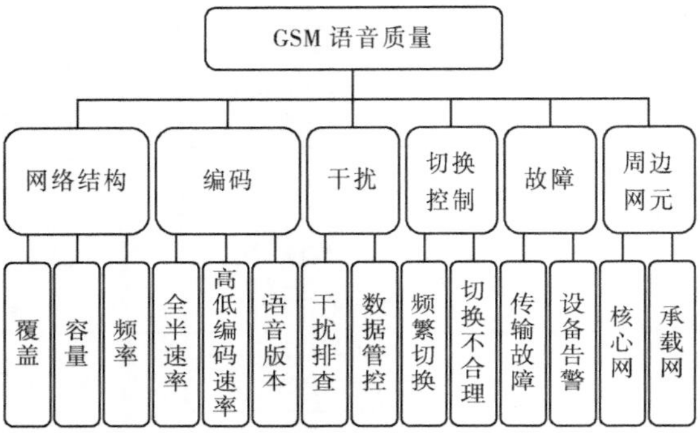

图 6.3　语音质量优化的思路

3. 回落成功率优化

1）LTE 阶段

LTE 阶段优化重点放在综合覆盖率的提升上，通过对网络的摸底测试、覆盖分析，创新性地使用微小区、中继小区、Bookrru、光交小区等覆盖方式，对弱覆盖区域进行覆盖补充；通过异频组网方式，提升 SINR 值；通过切换事件差异性配置，提升 D 频占比；进而综合提升 LTE 阶段可接入性。东莞 AB 格综合覆盖率定势如图 6.4 所示。

【东莞市麻涌镇大步村商圈道路覆盖问题解决案例】

（1）方案解决需求

本方案解决商业街沿路站点稀疏，业务量大，但物业敏感，无法建设宏站，通过建设一体化微小基站，解决商业街道覆盖问题。

（2）站点周边环境描述

本微小站点建设地址为：东莞市麻涌镇麻涌大道新稻香蒸品店 4 楼顶，站点经纬度为：

E：113.575812，N：23.051443，区域类型为一般城区。该站点主要覆盖大步村商圈，具有较大的业务量。村民因担心辐射问题，对通信发射设施的建设较为敏感，该片区域宏站站点稀疏，商业街道存在较长弱覆盖路段，无法满足该商圈的业务需求，如图 6.5 所示。

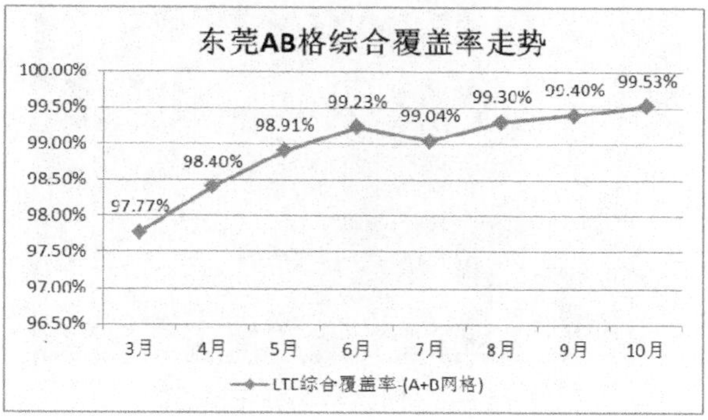

图 6.4　东莞 AB 格综合覆盖率走势

图 6.5　周边环境图

（3）存在问题描述

商业街道，人流量及车流量都相对密集，具有较大的业务需求，该片区域因物业敏感问题，一直无法采用宏站解决覆盖问题，而微小站设备体积小，配套要求低，部署快捷便利等恰是解决这片商圈覆盖问题的理想方式。

结合该片区域站点分布情况分析，该片区域站点稀疏，整条商业街道只有东莞大步一个宏站覆盖，该宏站与微站站间距约为 370 m，如图 6.6 所示。由于商业街道较长，只有一个宏站无法满足该片商圈的覆盖及业务需求。

本站点设计重点在于解决大步村商圈的覆盖及业务需求，难点在于该片区域长期无法选址建设宏站，十分敏感。考虑到物业敏感问题，本期采用华为 Book RRU 进行建站，该设备体积只有 6 dm^3，且可内置天线，能有效降低物业敏感度。

（4）建设方案

① 微小站方案选择：考虑本次覆盖目标，主要是对大步村商圈弱覆盖路段实现覆盖，本微站选址位置位于：麻涌镇麻涌大道新稻香蒸品店 4 楼顶。另外，考虑到村民较为敏感，因此采用华为 Book RRU 设备，新增的 RRU3235E 设备挂杆安装，覆盖方向角 40°/190°，天线挂高为 13/13，下倾角：3°/3°。

② 设备选型：本方案微小设备型号为华为 RRU3235E，设备主要参数如表 6.1 所示。

图 6.6　网络结构分布图

表 6.1　设备主要参数

	参数（单位）		指　　标
天线规格	通用参数	工作频率/MHz	2575～2635(D)
		极化方式/°	± 45
	辐射参数	水平面半功率波束宽度/ °	65 ± 10
		垂直面半功率波束宽度/ °	33 ± 3
		增益/dBi	11
	其他参数	载波配置/M	3×20
		输出功率（/W/path）	10
		整机功耗/W	100

本站采用 D 频段建设，载波配置为 S11。

产品外形如图 6.7 所示。

③ 配套建设方案：

- 机房配套方案：本期方案主要采用拉远模式进行安装，利旧现网 BBU 框（东莞东太村 D-HLH），新增基带板于该 BBU 的 02 槽位。设备安装图如图 6.8 所示。

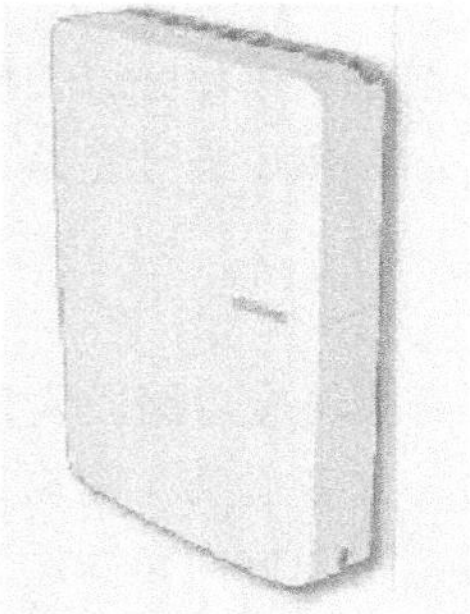

图 6.7　天线产品外形

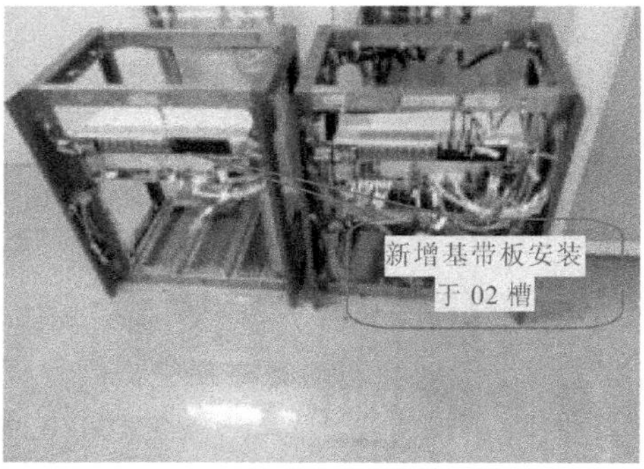

图 6.8　设备安装图

- 电源配套方案：本期电源方案，主要采用 220 V 交流供电。
- 杆塔配套方案：本期配套方案，主要在麻涌镇麻涌大道新稻香蒸品店 4 楼顶，新增 2 根 1.5 m 抱杆，RRU3235E 采用挂杆安装方式。
- 传输建设方案：基带 BBU 和 AAU3240 通过光纤实现 CPRI 连接，通过光传输 PTN 回传。

（5）测试效果

项目测试图如图 6.9 所示。

站点建设开通后，信号提升至-95 dBm 左右；达到改善要求。

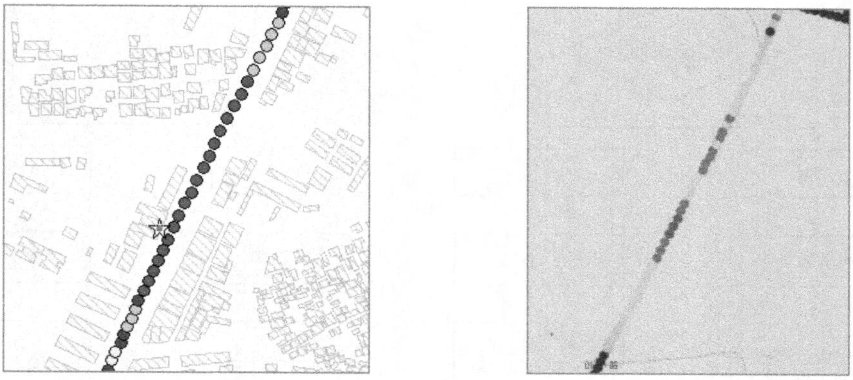

开通前路测图 RSRP　　　　开通后路测图 RSRP

图 6.9　开通前后路测图 RSRP

2）回落阶段

CSFB 回落是一个盲定向的过程，回落阶段涉及终端从 LTE->GSM 的过程，涉及 2G、4G 网络，重点从 LTE 定义 GSM 邻区合理性、互通参数配置准确性，同覆盖区域 TAC/LAC 一致性等综合考虑，需要优化人员掌握 2G、4G 技能。东莞 CSFB 全程呼叫成功率如图 6.10 所示。

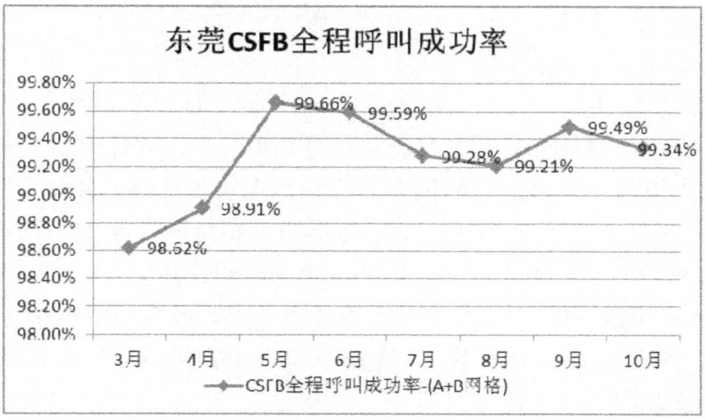

图 6.10　东莞移动 CSFB 优化之 GSM 邻区精减案例

LTE 小区定义 GSM 邻区频点的数量以及测量频点的定义顺序关系到后续 REL 的下发频点情况，对 CSFB 回落成功率存在较大的影响，针对这种情况，结合炎强信令分析平台，ATU

数据以及话务统计情况，对 LTE 小区定义的 GSM 小区邻区数量、频点数量，以及频点顺序进行重新定义，提升回落成功率，如图 6.11 所示。

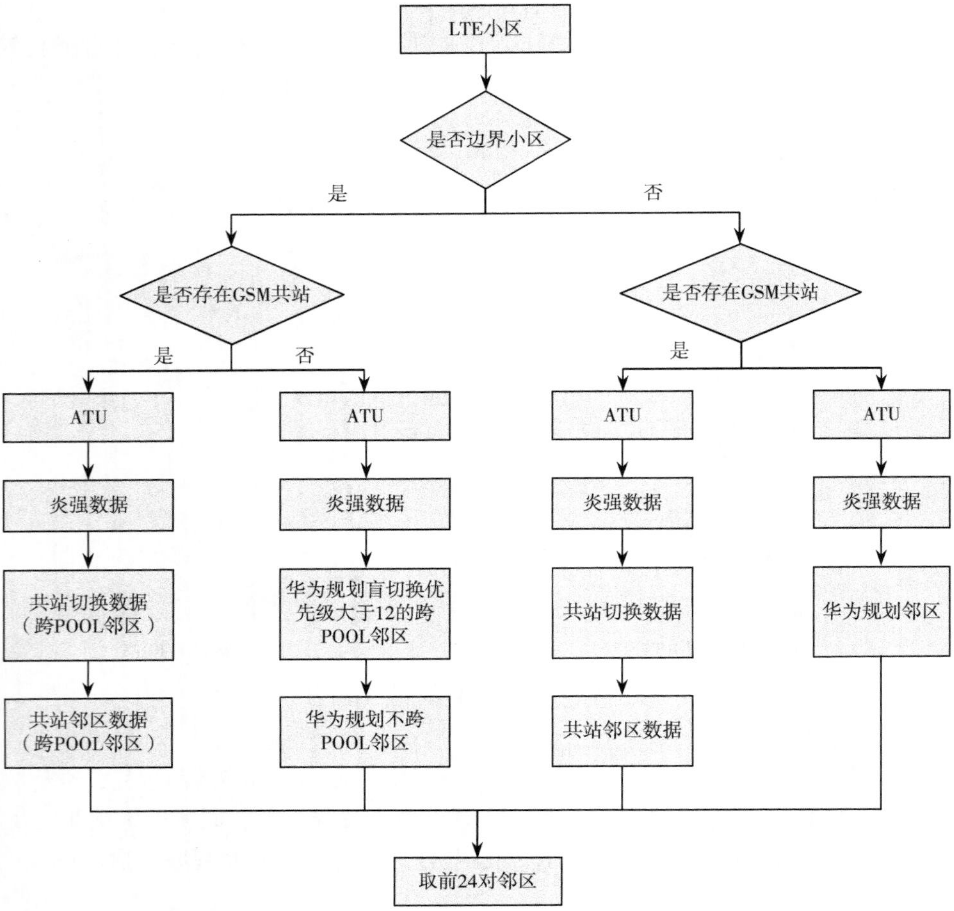

图 6.11　LTE 小区定义 GSM 邻区频点的关系

（1）LTE 定义 GSM 邻区频点规划整理

- ATU：通过自动路测工具测试出最强的 GSM 邻区，优先级最高。
- 炎强数据：通过炎强信令分析平台统计出详细的 LTE-GSM 邻区回落次数，回落次数多的邻区优先级高，但目前炎强信令分析平台无法统计跨 POOL 邻区对回落次数（即 LTE 和 GSM 小区属于不同 POOL），所以需要根据地图判断 LTE 小区是否属于 POOL 边界，圈选 POOL 边界线附近三层 LTE 基站为边界站点。
- 共站 GSM 小区切换数据：考虑到 GSM 邻区规划相对成熟，参考 LTE 的共站 GSM 小区的 GSM-GSM 邻区现网切换次数来规划 LTE-GSM 邻区，按 GSM-GSM 邻区切换次数降序，切换次数多的邻区对优先级高。
- 共站 GSM 小区邻区数据：为了防止前三步遗漏 LTE 站点附近 GSM 小区，按 LTE-共站 GSM 小区的邻区之间的距离降序，距离近的 LTE-GSM 小区优先级高。

GSM 小区上行干扰统计情况，低干扰小区优先级高。

(2) LTE 定义 GSM 测量频点重配置

在获得 LTE 小区需要配置的 GSM 邻区频点数量，以及邻区频点定义优先级后，在进行网管的定义过程中还有一个环节不可忽视，即在网管定义 LTE 小区的 GSM 测量频点顺序与 LTE 小区下发给回落终端的频点顺序有关系，关系到回落终端读取扫频周边 GSM 小区频段的速度，对回落成功率以及回落时延均存在一定的影响。LTE 定义 GSM 测量频点重配置，如表 6.2 所示。

表 6.2 LTE 定义 GSM 测量频点重配置

测试编号	添加 GSM 相邻频点	添加 GSM 邻区				测试结果（频点下发顺序跟踪）		
	按以下顺序逐个添加	Lac	GeranCellId	盲切换优先级	*GSM 邻区频点	第 1 次	第 2 次	第 3 次
1-基准	38	10267	10940	1	38	38	38	38
	57	10267	13353	2	57	57	57	57
	68	10267	35910	3	68	68	68	68
	518	10267	13359	4	518	518	518	518
	520	10267	42568	5	520	520	520	520
	625	10267	42579	6	625	625	625	625
2	38	10267	10940	1	38	38	38	38
	57	10267	13353	2	57	57	57	57
	68	10267	35910	3	68	68	68	68
	518	10267	13359	4	518	518	518	518
	520	10267	42568	5	520	520	520	520
	625	10267	42579	6	625	625	625	625
3	520	10267	10940	1	38	520	520	520
	625	10267	13353	2	57	625	625	625
	38	10267	35910	3	68	38	38	38
	57	10267	13359	4	518	57	57	57
	68	10267	42568	5	520	68	68	68
	518	10267	42579	6	625	518	518	518

- 下发频点顺序和 GSM 频点添加的顺序有关，与邻区添加顺序以及盲切换优先级无关。
- GSM 邻区中某些小区盲切换优先级为 0 时对应的 GSM 频点也会下发。
- 只添加 GSM 频点，不添加 GSM 邻区，对应的频点也下发。
- 全部 GSM 邻区盲切换优先级为 0 时，CSFB 失败，不下发频点。

通过验证测试的结果，对规划的 LTE 小区定义 GSM 邻区及测量频点按优先级进行重新定义（见图 6.12），对最重要的回落频点（如 LTE 室分小区定义同覆盖区域的 GSM 小区）直接将 GSM 小区的 BCCH 频点配置为 LTE 小区的起测频点。

LTE 小区定义 GSM 邻区及测量频点按优先级进行重新定义，如图 6.12 所示。

3）2G 阶段

2G 阶段是 GSM 的优化内容，从流程上看，涉及终端回落后在 GSM 网络的随机接入，

SDCCH 接入以及 TCH 占用等全流程。同 GSM 的本身呼叫流程一致，故优化思路重点放在 SDCCH 和 TCH 接通成功率优化。

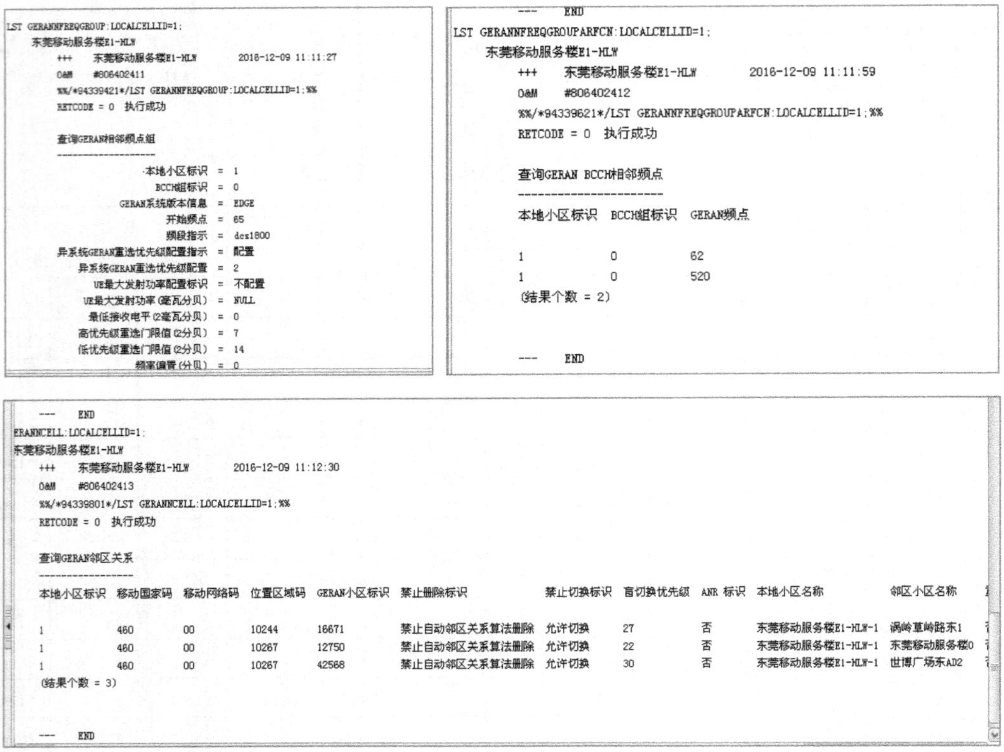

图 6.12　LTE 小区定义 GSM 邻区及测量频点按优先级进行重新定义

【爱立信 1800 小区 SDCCH 信道组调整案例】

从 2016 年 4 月 22 日至 5 月 26 日分多批次将爱立信 1800 小区信道组 1 配置的 SDCCH 信道数调整到信道组 0，共涉及 2896 个小区，验证对 S 掉话率、S 接通率、S 通话时长等指标具有改善作用，经调整后观察一星期指标发现，本次 SDCCH 信道组调整措施对 S 性能指标、GSM 寻呼成功率具有一定的改善作用，如下：

（1）SD 性能指标情况

从表 6.3 可以看出，S 掉话率、S 接通率、S 通话时长改善效果明显，S 掉话率从 0.68% 下降到 0.55%，S 接通率从 96.59%提升到 97.03%，S 通话时长从 3.82 下降到 3.70。

表 6.3　SD 性能指标情况

时间	话务量	S 话务量	S 掉话率	S 接通率	S 通话时长	无线接入性
2016/4/22	149567.81	23558.40	0.68%	96.59%	3.82	99.88%
2016/4/23	147094.70	23184.50	0.70%	96.55%	3.79	99.88%
2016/4/24	147055.90	22306.02	0.72%	96.45%	3.79	99.89%
2016/4/25	148535.59	22788.53	0.67%	96.51%	3.77	99.88%
2016/4/26	147686.35	22850.01	0.68%	96.47%	3.78	99.88%

续表

时间	话务量	S 话务量	S 掉话率	S 接通率	S 通话时长	无线接入性
2016/4/27	152896.34	23184.01	0.68%	96.54%	3.78	99.88%
2016/4/28	156025.91	23446.59	0.66%	96.66%	3.78	99.88%
2016/5/20	150953.86	21639.25	0.56%	97.03%	3.71	99.88%
2016/5/21	147389.61	21203.93	0.54%	97.00%	3.69	99.88%
2016/5/22	151913.00	21441.49	0.59%	96.89%	3.71	99.88%
2016/5/23	150194.84	21479.23	0.55%	96.93%	3.70	99.89%
2016/5/24	150021.33	21422.43	0.55%	96.96%	3.70	99.90%
2016/5/25	149106.21	21012.22	0.55%	97.00%	3.69	99.90%
2016/5/26	148360.20	21042.92	0.55%	97.03%	3.70	99.90%
变化幅度	-131.93	-1725.23	-0.13%	0.44%	-0.09	0.01%

（2）TCH 性能指标情况

SDCCH 信道组调整措施对接通率（含切换）、上行质差比例、下行质差比例无影响。TCH 掉话率、干扰系数略有上升，主要是受 D 盘福南街 2、舫边村 D1、茶山路口南 D3、上滘路 D2、厚涌路中 D3 等几个小区出现较强干扰影响。TCH 性能指标情况如表 6.4 所示。

表 6.4　TCH 性能指标情况

时间	接通率（含切换）	切换成功率	TCH 掉话率	上行质差比例	下行质差比例	干扰系数
2016/4/22	100.40%	99.39%	0.45%	0.85%	0.65%	0.75%
2016/4/23	100.59%	99.44%	0.47%	0.87%	0.65%	0.73%
2016/4/24	100.49%	99.38%	0.52%	0.89%	0.66%	0.64%
2016/4/25	100.75%	99.46%	0.43%	0.83%	0.65%	0.67%
2016/4/26	100.81%	99.45%	0.44%	0.84%	0.66%	0.64%
2016/4/27	100.59%	99.45%	0.45%	0.84%	0.65%	0.64%
2016/4/28	99.50%	99.44%	0.43%	0.83%	0.64%	0.68%
2016/5/20	100.46%	99.39%	0.52%	0.85%	0.64%	0.86%
2016/5/21	100.64%	99.39%	0.54%	0.85%	0.63%	0.86%
2016/5/22	100.75%	99.38%	0.56%	0.84%	0.62%	0.77%
2016/5/23	100.40%	99.40%	0.52%	0.83%	0.64%	0.84%
2016/5/24	100.32%	99.42%	0.51%	0.84%	0.65%	0.77%
2016/5/25	100.85%	99.42%	0.52%	0.82%	0.65%	0.83%
2016/5/26	100.26%	99.42%	0.51%	0.82%	0.65%	0.80%
变化幅度	0.08%	-0.02%	0.07%	-0.01%	-0.01%	0.14%

（3）LAC 寻呼成功率

如表 6.5 所示，选取调整小区 S 申请次数占所在网元 S 申请总次数比例较高排前 TOP16 的 LAC，观察各 LAC 寻呼成功率指标情况发现，调整后改善幅度均较大，16 个 LAC 总体提升 0.51%，高于全网提升幅度值 0.40%。

表 6.5 LAC 寻呼成功率

BSC	涉及 LAC	未调整小区 S 申请次数	调整小区 S 申请次数	S 申请次数占比	调整前寻呼成功率	调整后寻呼成功率	寻呼成功率改善幅度
DGA01	9648	7845153	3268780	29.41%	96.77%	97.04%	0.27%
DGM27B1	9233	9494461	3245336	25.47%	97.03%	97.54%	0.52%
DGM01B2	9822	7505929	2537272	25.26%	95.89%	96.76%	0.87%
DGM27B5	10245	10131232	3249385	24.28%	97.28%	98.01%	0.73%
DGM28B1	9795	9032449	2827492	23.84%	92.77%	93.30%	0.53%
DGM27B2	10208	9859323	2837115	22.35%	95.17%	95.40%	0.23%
DGM24B6	9819	10098922	2840117	21.95%	98.07%	98.33%	0.26%
DGM09B4	10266	4356878	1211592	21.76%	97.41%	97.79%	0.38%
DGM24BC	9820	10035758	2767841	21.62%	97.10%	97.54%	0.44%
DGM30B2	10254	7505987	2048017	21.44%	95.85%	96.80%	0.95%
DGM24B2	9793	9070014	2466424	21.38%	97.75%	98.14%	0.40%
DGM11B2	9805	9499551	2459688	20.57%	94.78%	95.21%	0.43%
DGM26B7	10207	11129565	2873020	20.52%	92.18%	93.08%	0.90%
DGM29B4	10252	9727373	2446726	20.10%	96.38%	96.97%	0.58%
DGM08B1	10251	10346402	2551626	19.78%	94.33%	94.99%	0.66%
DGM25BD	10244	6091198	1476221	19.51%	97.21%	97.72%	0.51%
总体		141730195	41106652	22.48%	95.97%	96.48%	0.51%

通过本次爱立信 1800 小区 SDCCH 信道组调整，验证出该措施对 S 掉话率、S 接通率、S 通话时长、GSM 寻呼成功率具有一定的提升作用，对 T 接通率（含切换）、上行质差比例、下行质差比例等语音指标无影响。优化 SDCCH 性能对提升 CSFB 的回落成功率将有很好的改善作用。

6.2.2 案例二：邻区漏配问题分析

1. 新南路邻区漏配

【问题现象描述】

测试车辆在新南路上行驶，UE 占用东莞蛤地新农村 D-HLH-3（PCI：216），CRS RSRP 值在-76 dBm 至-113 dBm 之间，CRS SINR 值在 20 dB 至 7 dB 之间，车辆继续往前行驶，UE 无法切换至东莞蛤地新农村 D-HLH-3（PCI：216），整个弱覆盖路段达 150 m 左右，如图 6.13 所示。

【问题分析】

环境图示如图 6.14 所示，测试车辆在新南路上由北向南行驶，UE 占用东莞蛤地新农村 D-HLH-3（PCI：216），CRS RSRP 值在-76 dBm 至-113 dBm 之间，CRS SINR 值在 20 dB 至 7 dB 之间，车辆继续往前行驶，UE 占用东莞蛤地 D-HLH-3（PCI：173），CRS RSRP 值在-87 dBm

至-97 dBm之间，CRS SINR值在14 dB至24 dB之间，整个弱覆盖路段达150 m左右。经核查为，东莞蛤地新农村D-HLH-3与东莞蛤地D-HLH-3邻区。

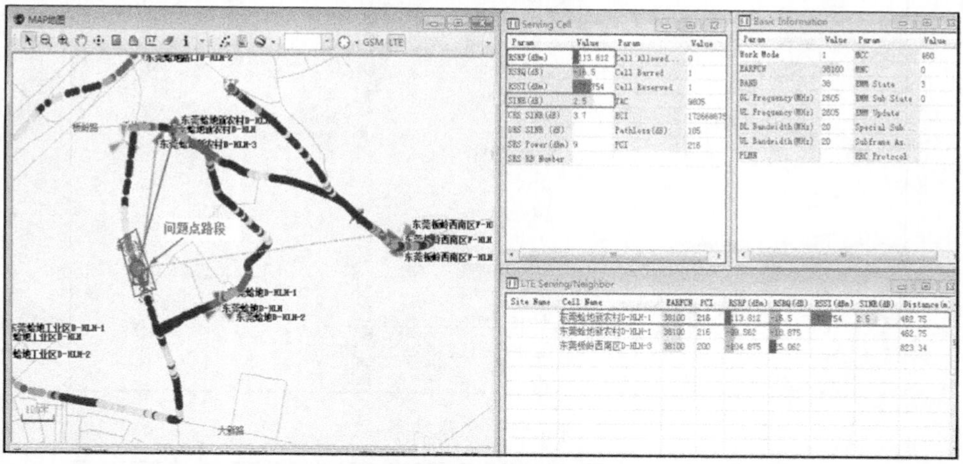

图 6.13　问题现象描述

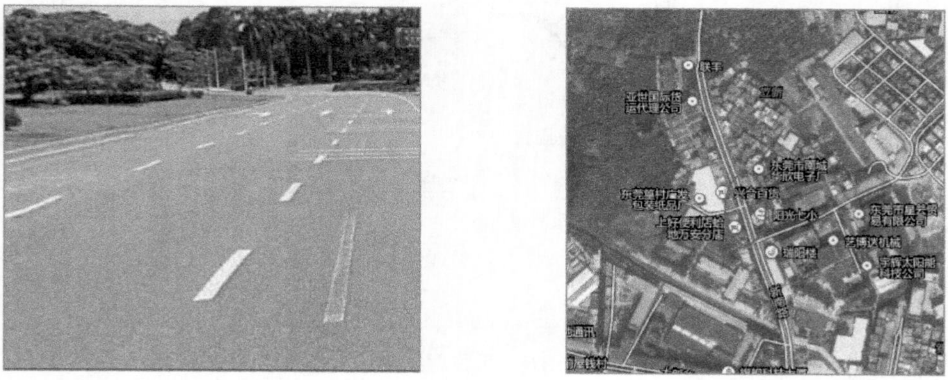

（a）路面环境图　　　　（b）卫星地图

图 6.14　环境图示

【调整建议措施】

添加东莞蛤地新农村D-HLH-3与东莞蛤地D-HLH-3为双向邻区关系。

【结果验证分析】

经过优化后东莞蛤地新农村D-HLH-3到东莞蛤地D-HLH-3双向切换正常，覆盖跟质量都得到明显的改善，如图6.15所示。

2. 宏伟东四路邻区漏配

【问题现象描述】

如图6.16所示，测试车辆在宏伟东三路左转进入宏伟东四路上行驶，UE占用东莞南城金色华庭三期E-HLW-1（PCI：111），CRS RSRP值在-88 dBm至-113 dBm之间，CRS SINR值在20 dB至-7 dB之间，车辆继续往前行驶，UE重选后占用东莞宏伟路D-HLH-2（PCI：91），无法与东莞宏伟路D-HLH-2切换，整个弱覆盖路段达100 m左右。

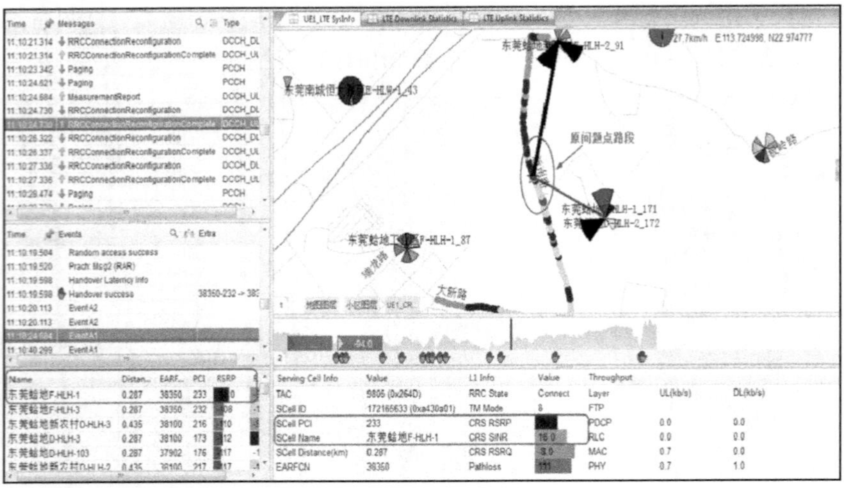

图 6.15　优化结果

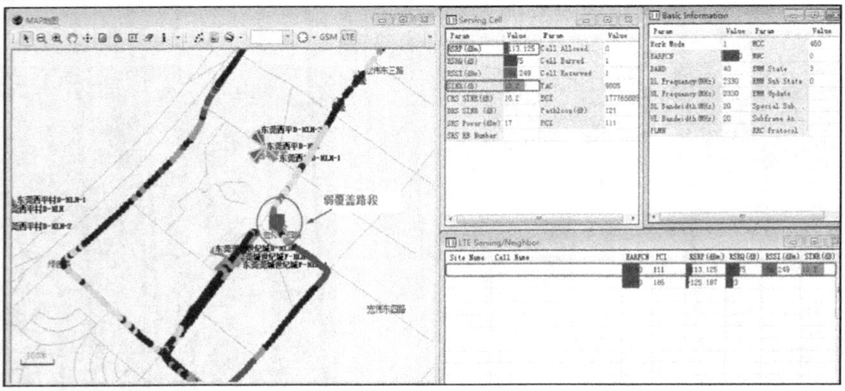

图 6.16　问题现象描述

【问题分析】

如图 6.17 所示，站点“东莞宏伟路 D-HLH”附近路段，测试车辆在宏伟东三路左转进入宏伟东四路上行驶，UE 占用东莞南城金色华庭三期 E-HLW-1（PCI：111），CRS RSRP 值在-88 dBm 至-113 dBm 之间，CRS SINR 值在 20 dB 至-7 dB 之间，车辆继续往前行驶，UE 重选后占用东莞宏伟路 D-HLH-2（PCI：91），CRS RSRP 值在-69 dBm 至-75 dBm 之间，CRS SINR 值在 14 dB 至-4 dB 之间，整个弱覆盖路段达 100 m 左右。

经分析，该路段中东莞南城金色华庭三期 E-HLW-1（PCI：111）小区外泄严重，且与东莞宏伟路 D-HLH-2（PCI：91）无邻区关系。

【调整建议措施】

① 添加东莞南城金色华庭三期 E-HLW-1（PCI：111）小区与东莞宏伟路 D-HLH-2（PCI:91）为双向邻关系。

② 对东莞南城金色华庭三期 E-HLW-1（PCI：111）小区，功率由 122 降至 92。

【结果验证分析】

如图 6.18 所示，经过优化后测试车辆从宏伟东三路进入宏伟东四路，UE 占用东莞宏伟路 D-HLH-2(PCI：91)，CRS RSRP 值在-85 dBm 至-92 dBm 之间，CRS SINR 值在 9 dB 至 4 dB 之间，室分外泄有改善。

（a）路面环境图

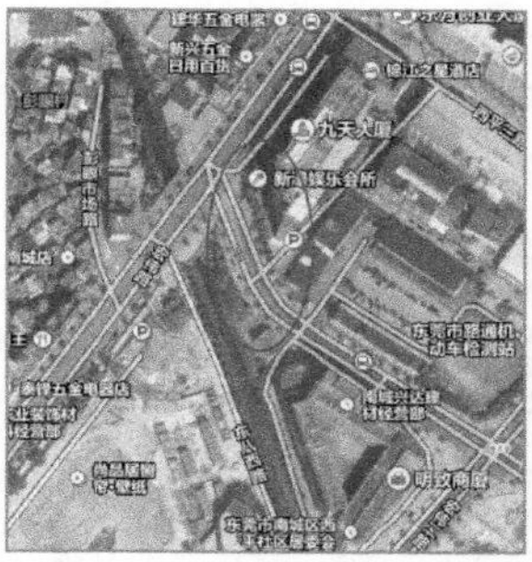

（b）卫星地图

图 6.17　环境图示

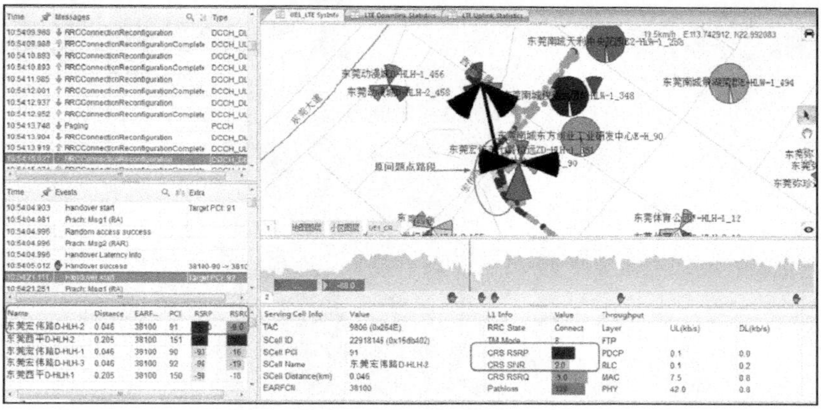

图 6.18　优化结果

6.2.3　案例三：模 3 干扰质差问题分析

【问题现象描述】

如图 6.19 所示，测试车辆行驶至东城区莞龙路余屋商业二街附近路段时，从测试数据分析来看，UE 接收到的信号质量良好，LTE RSRP 的信号强度在-80 dBm 左右，但是从 SINR 分析，该路段的 SINR 的值约为-4 dBm 左右，定位为模 3 干扰导致该路段 400 m 左右 SINR 低，影响下载速率。

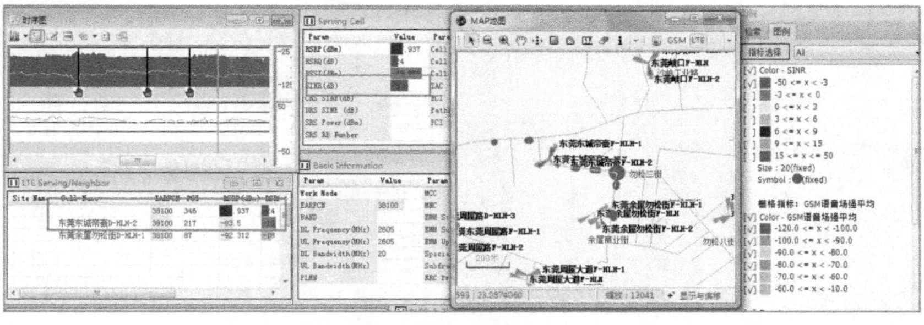

图 6.19　问题现象描述

【问题分析】

如图 6.20 所示，测试车辆在东城区莞龙路余屋商业二街附近路段时，该路段主要为“东莞余屋商业街 D-HLH-2，PCI=346”主覆盖，信号强度在-80 dBm 左右，同时该站也收到“东莞东城帝豪 D-HLH-2，PCI=217”的信号，且信号强度也在-80 dBm 左右，定位为模 3 干扰导致该路段 400 m 左右 SINR 低，影响下载速率，如图 6.21 所示。

（a）路面环境图

（b）卫星地图

图 6.20　环境图示

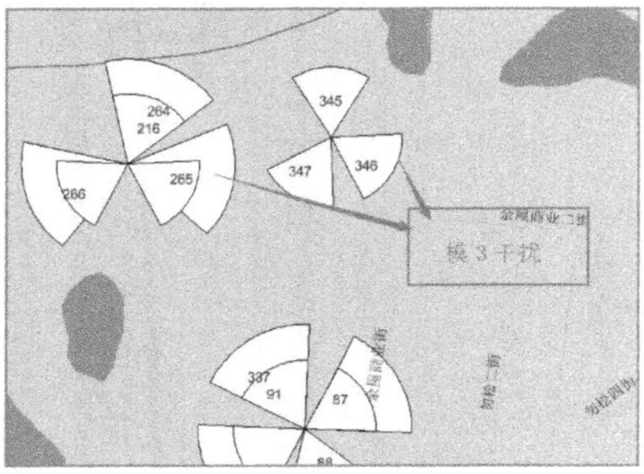

图 6.21　模 3 干扰导致 SINR 差的路段

【调整建议措施】

① 降低“东城帝豪 D-HLH-2”，参考信号功率由 122 降至 92。

② 修改“东莞余屋商业街 D-HLH-2”，参考信号功率由 122 降至 92。

【结果验证分析】

经调整后，该路段改善效果不明显，SINR 仍为-4 dB 左右，如图 6.22 所示。

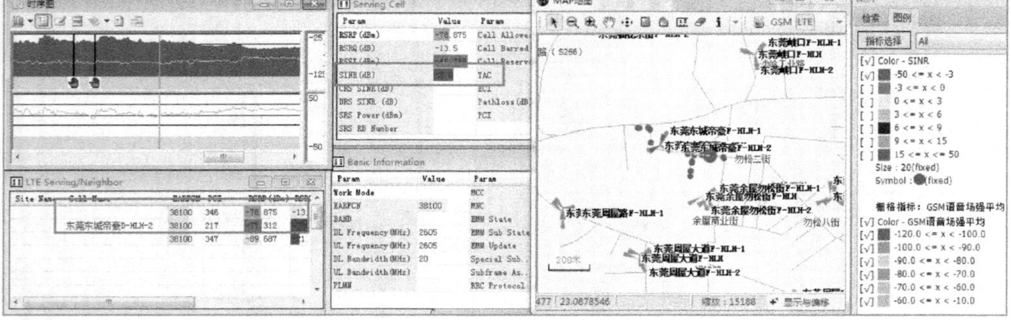

图 6.22　优化结果

6.2.4 案例四：室分外泄弱覆盖问题分析

【问题现象描述】

如图 6.23 所示，车辆在莞樟路右转东路时，UE 主要占用东莞中国城 D-HLH-2 信号，RSRP 为-87 dBm 左右，SINR 为 9 dB 左右。随着车辆行驶由于东莞东城主山常大街 E-HLW-1 室分外泄，导致 UE 占用该小区后，由于其 A2 门限较低，其 RSRP 拖至-113 dBm，形成弱覆盖路段。

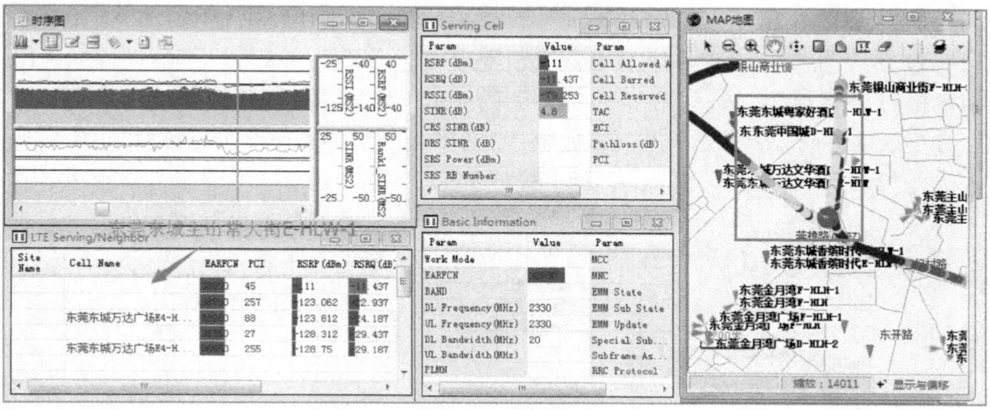

图 6.23　问题现象描述

【问题分析】

如图 6.24 所示，车辆在莞樟路右转东路时，由于东莞东城主山常大街 E-HLW-1 室分外泄，导致 UE 占用该小区后，由于其 A2 门限较低至-111 dBm，即其信号强度低于-111 dBm 时才开启异频测量，导致无法有效切换，形成弱覆盖路段。

进一步分析，由于该路段东莞东源路 D-HLH、东莞东源路 F-HLH 站点闭站。且东莞中国城 D-HLH-2 与东莞银山商业街 D-HLH-2 接续较为困难，导致该路段信号偏弱，且无主覆盖小区。待对东莞中国城 D-HLH-2 与东莞银山商业街 D-HLH-2 进行堪站后分析调整方位角下倾角是否可行。

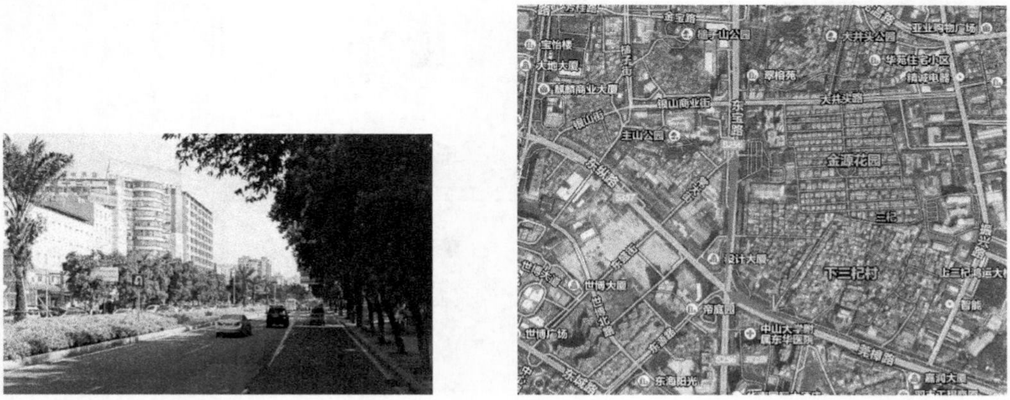

（a）路面环境图　　　　（b）卫星地图

图 6.24　环境图示

【调整建议措施】

东莞东城主山常大街 E-HLW-1 的异频 A1 RSRP 触发门限由-111 修改为-89，异频 A2 RSRP 触发门限由-113 修改为-92，基于 A3 的异频 A1 RSRP 触发门限由-111 修改为-89，基于 A3 的异频 A2 RSRP 触发门限由-113 修改为-92。

巡检时临时将东莞东城主山常大街 E-HLW-1 功率由 122 降至 62；待堪站后，对东莞中国城 D-HLH-2 与东莞银山商业街 D-HLH-2 天线方位角进行优化。

【结果验证分析】

如图 6.25 和图 6.26 所示，经过对东莞东城主山常大街 E-HLW-1 的异频 A1 RSRP 触发门限由-111 修改为-89，异频 A2 RSRP 触发门限由-113 修改为-92，基于 A3 的异频 A1 RSRP 触发门限由-111 修改为-89，基于 A3 的异频 A2 RSRP 触发门限由-113 修改为-92 后，UE 占用该室分小区的时间大大降低，即 UE 低于-92 时即对周边异频站点进行测量。

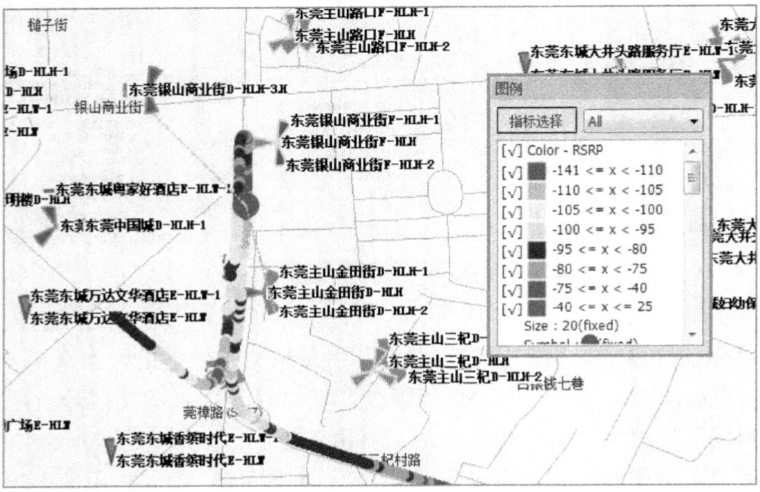

图 6.25　优化结果一

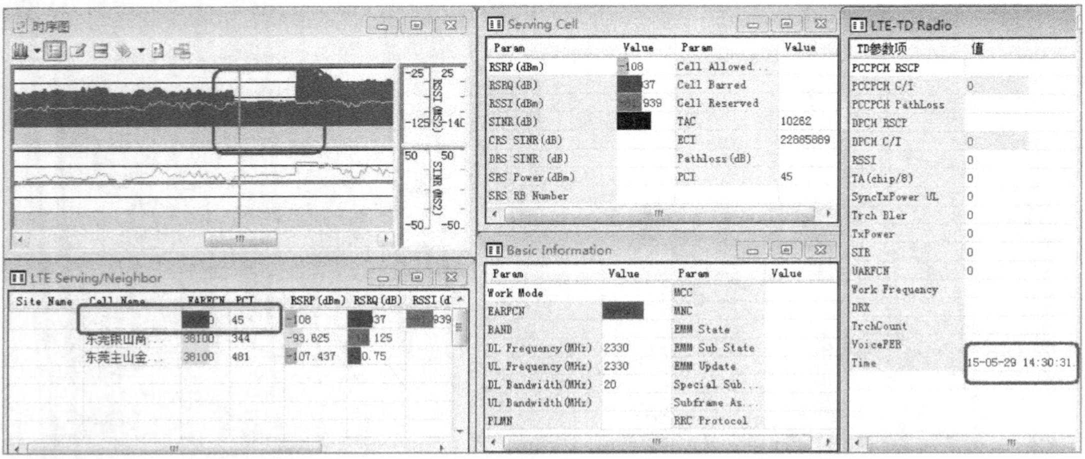

图 6.26　优化结果二

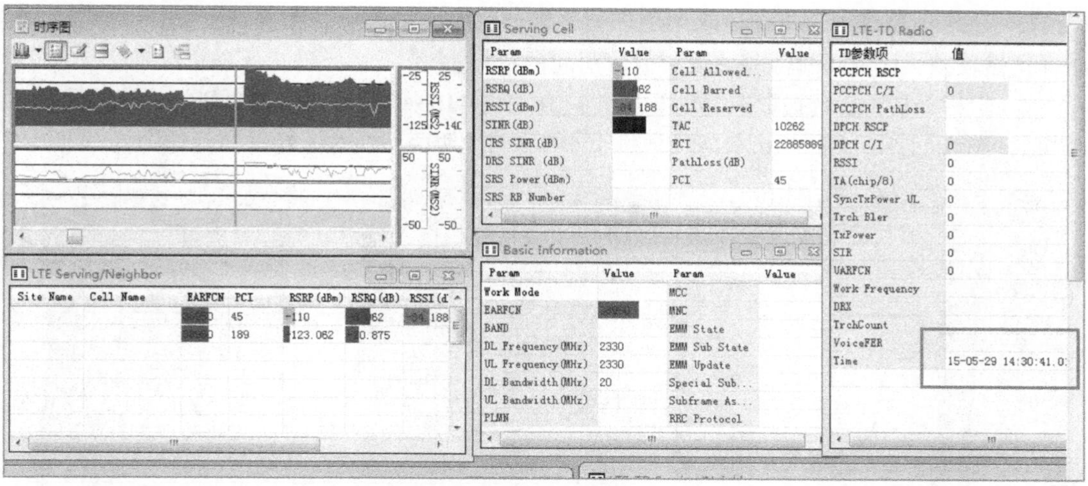

图 6.26　优化结果二（续）

6.2.5　案例五：切换成功率低问题分析

5 月 24 日，东莞创意坊大厦 D-HLH-103 小区切换成功率突然从 5 月 23 日的 99.7%劣化至 96.5%。经后台指标分析，东莞创意坊大厦 D-HLH-103 与小区正对 0.3 km 范围内的东莞城市假日 D-HLH-2 以及同站小区东莞创意坊大厦 D-HLH-1 存在邻区漏配，导致小区 eNodeB 间式内切换取消次数过高，造成切换成功率降低。补定义东莞创意坊大厦 D-HLH-103 与东莞城市假日 D-HLH-2、东莞创意坊大厦 D-HLH-1 双向邻区关系后，问题得以解决，切换成功率提升至 99.8%以上。

【问题现象描述】

5 月 24 日，东莞创意坊大厦 D-HLH-103 小区切换成功率突然从 5 月 23 日的 99.7%劣化至 96.5%。

【问题分析】

① 东莞创意坊大厦 D-HLH 基站位置如图 6.27 所示。

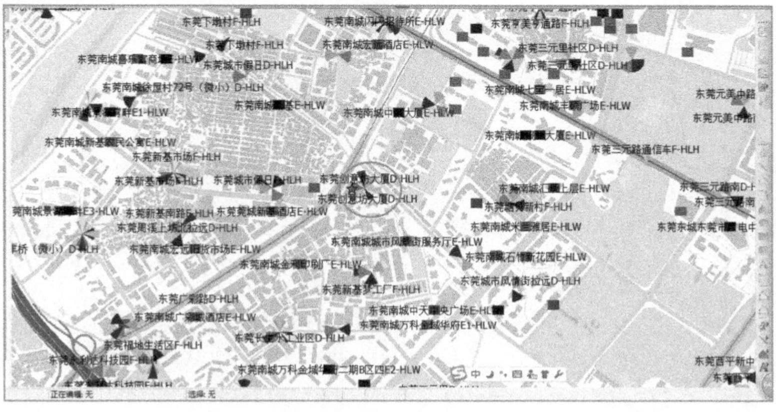

图 6.27　问题现象描述

② 基站告警排查：查询该基站无异常告警信息，而采取对基站进行复位后，小区切换指标仍然较差。因此可排除基站设备故障引起的指标劣化。

③ 指标分析：后台提取东莞创意坊大厦 D-HLH-103 两两小区切换对指标发现，两两小区切换对指标正常，无法找出切向具体哪个小区异常。两两切换对天粒度指标如图 6.28 所示。

日期	基站名称	目标小区标识	本地小区标识	本地小区名称	本地基站标识	移动国家码	移动网络码	目标基站标识	目标小区名称	完整度	特定两两小区切换失败次数	两两小区切换成功率	两
2016-06-25	东莞创意坊大厦	3	103	东莞创意坊大厦	673802	460	00	672969		100%	9	99.8975	
2016-06-26	东莞创意坊大厦	3	103	东莞创意坊大厦	673802	460	00	672969		100%	6	99.9286	
2016-05-23	东莞创意坊大厦	3	103	东莞创意坊大厦	673802	460	00	672969		100%	5	99.9369	
2016-05-23	东莞创意坊大厦	4	103	东莞创意坊大厦	673802	460	00	672969		100%	1	99.9311	
2016-05-23	东莞创意坊大厦	2	103	东莞创意坊大厦	673802	460	00	675014		100%	1	98.1481	
2016-05-23	东莞创意坊大厦	2	103	东莞创意坊大厦	673802	460	00	188642		100%	1	99.8913	
2016-05-24	东莞创意坊大厦	2	103	东莞创意坊大厦	673802	460	00	672969		100%	1	98.1132	
2016-05-24	东莞创意坊大厦	1	103	东莞创意坊大厦	673802	460	00	89213		100%	1	99.8024	
2016-05-24	东莞创意坊大厦	3	103	东莞创意坊大厦	673802	460	00	672969		100%	1	99.9832	
2016-05-25	东莞创意坊大厦	1	103	东莞创意坊大厦	673802	460	00	187682		100%	1	99.5327	
2016-05-25	东莞创意坊大厦	4	103	东莞创意坊大厦	673802	460	00	672969		100%	1	99.7175	
2016-05-26	东莞创意坊大厦	2	103	东莞创意坊大厦	673802	460	00	188642		100%	1	99.8588	
2016-05-23	东莞创意坊大厦	3	103	东莞创意坊大厦	673802	460	00	187678		100%	0	/0	
2016-05-23	东莞创意坊大厦	2	103	东莞创意坊大厦	673802	460	00	187475		100%	0	100	
2016-05-23	东莞创意坊大厦	1	103	东莞创意坊大厦	673802	460	00	187475		100%	0	/0	
2016-05-23	东莞创意坊大厦	2	103	东莞创意坊大厦	673802	460	00	187966		100%	0	100	
2016-05-23	东莞创意坊大厦	2	103	东莞创意坊大厦	673802	460	00	187676		100%	0	/0	
2016-05-23	东莞创意坊大厦	2	103	东莞创意坊大厦	673802	460	00	694041		100%	0	/0	
2016-05-23	东莞创意坊大厦	2	103	东莞创意坊大厦	673802	460	00	672969		100%	0	100	
2016-05-23	东莞创意坊大厦	1	103	东莞创意坊大厦	673802	460	00	694896		100%	0	/0	
2016-05-23	东莞创意坊大厦	1	103	东莞创意坊大厦	673802	460	00	89895		100%	0	/0	
2016-05-23	东莞创意坊大厦	2	103	东莞创意坊大厦	673802	460	00	187921		100%	0	100	
2016-05-23	东莞创意坊大厦	1	103	东莞创意坊大厦	673802	460	00	674264		100%	0	/0	
2016-05-23	东莞创意坊大厦	1	103	东莞创意坊大厦	673802	460	00	674253		100%	0	/0	

图 6.28 指标分析一

继续提取小区切换失败细分原因指标，小区 eNodeB 间模式内切换取消次数也在 5 月 24 日开始升高，与小区切换失败次数成正相关。5 月 19 日至 6 月 2 日天粒度指标如图 6.29 所示。

日期	小区名称	无线接通率(%)	无线掉线率8.1版本	切换成功率z(%)	切换失败	eNodeB间模式内切换出取消次数
2016-05-19	东莞创意坊大厦	99.9534	0.0402	99.7905	145	5
2016-05-20	东莞创意坊大厦	99.9502	0.0313	99.8015	150	11
2016-05-21	东莞创意坊大厦	99.9617	0.0263	99.8137	152	8
2016-05-22	东莞创意坊大厦	99.938	0.0367	99.787	135	5
2016-05-23	东莞创意坊大厦	99.9663	0.0429	99.7057	201	4
2016-05-24	东莞创意坊大厦	99.9512	0.0528	96.5201	1919	248
2016-05-25	东莞创意坊大厦	99.9478	0.0674	94.2078	2758	326
2016-05-26	东莞创意坊大厦	99.9133	0.0459	95.5321	1215	84
2016-05-27	东莞创意坊大厦	99.9512	0.0478	95.3364	2082	190
2016-05-28	东莞创意坊大厦	99.9562	0.045	96.0132	1914	225
2016-05-29	东莞创意坊大厦	99.9631	0.0598	95.4319	3643	448
2016-05-30	东莞创意坊大厦	99.9458	0.044	95.1457	2654	340
2016-05-31	东莞创意坊大厦	99.9593	0.0313	94.1444	1956	166
2016-06-01	东莞创意坊大厦	99.9656	0.0507	95.8177	2531	280
2016-06-02	东莞创意坊大厦	99.9535	0.0381	96.3307	1976	198

图 6.29 指标分析二

切换指标劣化趋势图如图 6.30 所示。

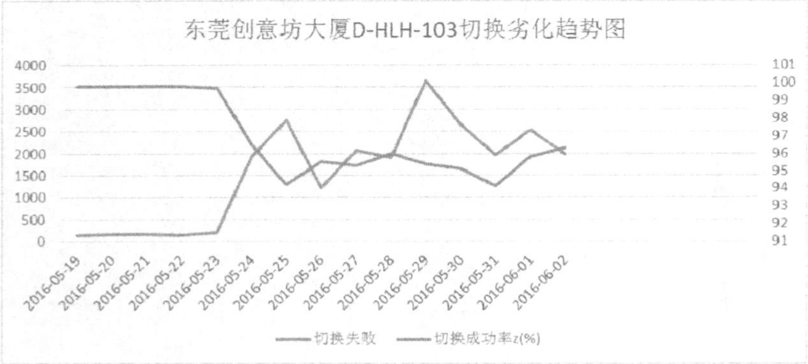

图 6.30 切换指标劣化趋势图

④ 邻区分析：小区切换失败细分原因为“小区 eNodeB 间模式内切换取消次数”因此可以继续从邻区关系排查，结合 Mapinfo 发现东莞创意坊大厦 D-HLH-103 与小区正对 0.3 km 范围内的东莞城市假日 D-HLH-2 以及同站小区东莞创意坊大厦 D-HLH-1 存在邻区漏配。该邻区漏配问题导致当东莞创意坊大厦 D-HLH-103 信号衰减达到 A2 门限时，东莞创意坊大厦 D-HLH-1/东莞城市假日 D-HLH-2 信号增强达到相对门限时，东莞创意坊大厦 D-HLH-103 不断向 eNodeB 上报 A3 事件，但由于两两小区间并无邻区关系，无法进行切换，这时 eNodeB 发起切换取消，最终导致切换失败。邻区分析如图 6.31 所示。

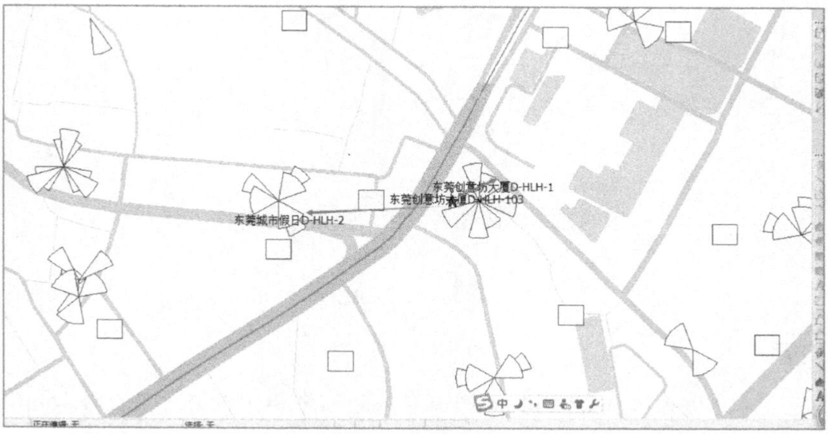

图 6.31　邻区分析

【调整措施及结果验证分析】

6 月 3 日，经后台补定义东莞创意坊大厦 D-HLH-103 与东莞城市假日 D-HLH-2、东莞创意坊大厦 D-HLH-1 双向邻区后，“小区 eNodeB 间模式内切换取消次数”减少，切换指标恢复正常。指标如图 6.32 所示。

日期	小区名称	无线接通率(%)	无线掉线率8.1版本	切换成功率z(%)	切换失败	eNodeB间模式内切换出取消次数
2016-05-19	东莞创意坊大厦	99.9534	0.0402	99.7905	145	5
2016-05-20	东莞创意坊大厦	99.9502	0.0313	99.8015	150	11
2016-05-21	东莞创意坊大厦	99.9617	0.0263	99.8137	152	8
2016-05-22	东莞创意坊大厦	99.938	0.0367	99.787	135	5
2016-05-23	东莞创意坊大厦	99.9663	0.0429	99.7057	201	4
2016-05-24	东莞创意坊大厦	99.9512	0.0528	96.5201	1919	248
2016-05-25	东莞创意坊大厦	99.9478	0.0674	94.2078	2758	326
2016-05-26	东莞创意坊大厦	99.9133	0.0459	95.5321	1215	84
2016-05-27	东莞创意坊大厦	99.9512	0.0478	95.3364	2082	190
2016-05-28	东莞创意坊大厦	99.9562	0.045	96.0132	1914	225
2016-05-29	东莞创意坊大厦	99.9631	0.0598	95.4319	3643	448
2016-05-30	东莞创意坊大厦	99.9458	0.044	95.1457	2654	340
2016-05-31	东莞创意坊大厦	99.9593	0.0313	94.1444	1956	166
2016-06-01	东莞创意坊大厦	99.9656	0.0507	95.8177	2531	280
2016-06-02	东莞创意坊大厦	99.9535	0.0381	96.3307	1976	196
2016-06-03	东莞创意坊大厦	99.9645	0.0322	98.3607	983	82
2016-06-04	东莞创意坊大厦	99.9543	0.0376	99.8973	56	0
2016-06-05	东莞创意坊大厦	99.972	0.0688	99.8907	65	7

图 6.32　问题处理后的指标

东莞创意坊大厦 D-HLH-103 问题处理前后切换指标趋势图如图 6.33 所示。

本次分析的切换成功率低主要是邻区漏配导致，目前大多数切换失败可以通过两两小区切换出准备失败或两两小区切换出执行失败来锁定目标基站，但本次排查两两切换对失败次数中并未发现准备失败、执行失败次数高的目标小区；而是由小区系统内切换出失败细分原因“小区 eNodeB 间模式内切换取消次数”较高而引起，日常处理切换时要留意“小区 eNodeB 间模式内切换取消次数”是否存在异常。

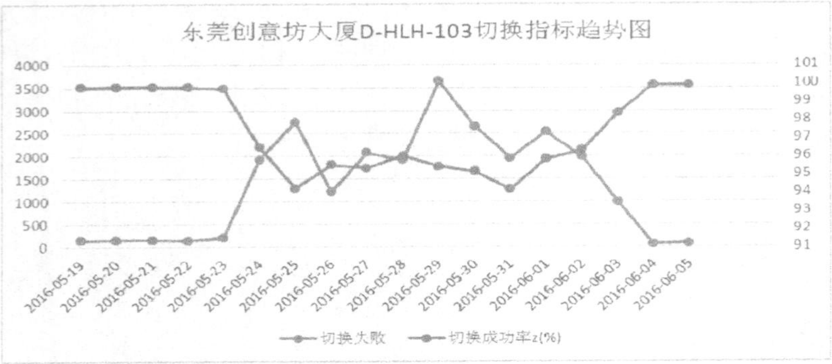

图 6.33　问题处理前后切换指标趋势图

习　　题

一、填空题

1. ________是 Long Term Evolution 的缩写，全称为 3GPP Long Term Evolution，中文一般翻译为 3GPP 长期演进技术，为第三代合作伙伴计划（3GPP）标准，使用“正交频分复用”（OFDM）的射频接收技术，以及 2×2 和 4×4 MIMO 的分集天线技术规格。

2. ________原则是指 TD-LTE 与 3G 邻区规划原理基本一致，规划时综合考虑各小区的覆盖范围及站间距、方位角等因素。

3. 调整天线参数可有效解决网络中大部分覆盖问题，天线对于网络的影响主要包括________参数和________参数两方面。

4. PCI 作为________的物理标识，需要满足以下要求：collision-free，相邻的两个小区 PCI 不能相同；confusion-free，同一个小区的所有邻区中不能有相同的；相邻的两个小区 PCI 模 3 后的余数不等。

5. TD-LTE 系统采用多种方式进行干扰的抑制和消除，________的优化也将是后续工作的重点和难点。

二、选择题

1. LTE 无线网络优化的特点是（　　）。

   A. 覆盖和质量的估计参数不同

   B. 影响覆盖问题的因素不同，影响接入指标的参数不同

   C. 邻区优化的方法不同，干扰问题分析时的重点和难点不同

   D. 业务速率质量优化时考虑的内容不同，无线资源的管理算法更加复杂

2. LTE 无线网络优化中出现的问题有（　　）。

   A. 覆盖问题、接入问题　　B. 掉线问题

   C. 切换问题　　D. 干扰问题

3. LTE 无线网络优化内容主要有（　　）。

A. PCI 合理规划，干扰排查　　B. 天线的调整及覆盖优化

C. 邻区规划及优化　　D. 系统参数

4. 覆盖是优化环节中最重要的一环，其解决思路主要有（　　）。

A. 强弱覆盖情况判定　　B. 采用合理的规划算法为全网分配 PCI

C. 合理制定邻区规划原则　　D. 天线参数调整

5. 切换相关配置参数主要有（　　）。

A. 事件触发滞后因子 Hysteresis　　B. 事件触发持续因子 TimetoTrig

C. 邻小区个性化偏移 QoffsetCell　　D. T304 定时器、T310 定时器

6. TD-LTE 干扰分为（　　）。

A. 系统外干扰　　B. 系统间干扰

C. 系统内干扰　　D. 系统同频干扰

三、判断题

1. LTE 移动网络较 2G、3G 网络而言最大的优势在于为用户提供更高速率，针对大量用户带来的大流量大数据挑战。（　　）

2. LTE 网络作为新建网络，首先需要保证网络的无缝覆盖以满足终端用户随时随地使用的需求。（　　）

3. 干扰优化针对室分、深度覆盖以及高铁、隧道、CBD 等特殊场景进行专门设计，从设备的选型、方案部署、室内外协同、参数配置等方面来保证特殊场景的覆盖。（　　）

4. 邻区过少会影响到终端的测量性能，容易导终端测量不准确，引起切换不及时、误切换及重选慢等。（　　）

5. 邻区过多，同样会引起切换、孤岛效应等；邻区信息错误将直接影响到网络正常的切换。（　　）

6. 覆盖参数主要包括：CRS 发射功率、信道的功率配置、PRACH 信道格式。（　　）

7. LTE 无线网络优化是一项长期的、艰巨的、周而复始的持续性系统工程。（　　）

8. TD-LTE 系统会大量采用同频组网，小区间干扰将是分析的重点和难点。（　　）

四、简答题

1. 简述 2G、4G 协同优化_CSFB 性能提升案例中的故障原因和解决措施。
2. 简述新南路邻区漏配案例中的故障原因和解决措施。
3. 简述宏伟东四路邻区漏配案例中的故障原因和解决措施。
4. 简述莞龙路余屋商业二街路段模 3 干扰案例中的故障原因和解决措施。
5. 简述室分外泄案例——东宝路案例中的故障原因和解决措施。
6. 简述东莞创意坊大厦 D-HLH-103 切换成功率低案例中的故障原因和解决措施。

参考文献

[1] 窦中兆，雷湘．WCDMA 系统原理与无线网络优化[M]．北京：清华大学出版社，2009．

[2] 张长钢．WCDMA 无线网络规划原理与实践[M]．北京：人民邮电出版社，2005．

[3] 黄志良．WCDMA 高速下行分组接入中的分组调度算法研究[C]．成都，电子科技大学硕士论文，2006．

[4] 杨大成．UMTS 中的 WCDMA：HSPA 演进及 LTE[M]．北京：机械工业出版社，2008．

[5] 王东．WCDMA 高速上行分组接入技术及调度算法研究[C]．南京：南京航空航天大学硕士论文，2006．

[6] 张建华，王莹．WCDMA 无线网络技术[M]．北京：人民邮电出版社，2007．

[7] 孙宇彤．WCDMA 空中接口技术[M]．北京：人民邮电出版社，2011．

[8] 霍尔马，陈泽强．WCDMA 技术与系统设计：第三代移动通信系统的无线接入[M]．3 版．北京：机械工业出版社，2005．

[9] 张新程，关向凯，刁兆坤．WCDMA 切换技术原理与优化[M]．北京：机械工业出版社，2006．

[10] 刘业辉，方水．WCDMA 网络测试与优化教程[M]．北京：人民邮电出版社，2012．

[11] 赵先明．HSPA+无线网络性能与实践[M]．北京：人民邮电出版社，2011．

[12] 王晓龙．WCDMA 信令解析与网络优化[M]．北京：机械工业出版社，2013．

[13] 孙社文．WCDMA 无线网络测试与优化[M]．北京：人民邮电出版社，2011．

[14] 高鹏．UMTS 无线网络规划原理和方法[M]．北京：人民邮电出版社，2009．

[15] 王莹，刘宝玲．WCDMA 无线网络规划与优化[M]．北京：人民邮电出版社，2007．

[16] 孙宇彤，何侃．WCDMA 无线网络实战指南[M]．北京：电子工业出版社，2011．